U0186962

# 浙东运河宁波段
# 传统村落
# 公共空间形态研究

## 以大西坝村和半浦村为例

包伊玲　著

文化艺术出版社
Culture and Art Publishing House

图 3-6　大西坝村全局集成度图示

图 3-8　大西坝村全局集成度分析图示

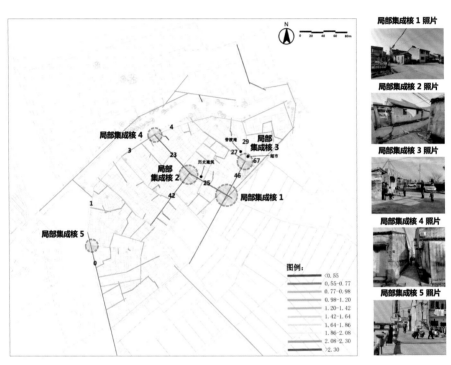

图 3-9 大西坝村局部集成度分析图

局部集成核 1 照片

局部集成核 2 照片

局部集成核 3 照片

局部集成核 4 照片

局部集成核 5 照片

图例：

━━━ <405.3
━━━ 405.3-810.6
━━━ 810.6-1215.9
━━━ 1215.9-1621.2
━━━ 1621.2-2026.5
━━━ 2026.5-2431.8
━━━ 2431.8-2837.1
━━━ 2837.1-3242.4
━━━ 3242.4-3647.7
━━━ >3647.7

图 3-10  大西坝村街巷空间选择度（Rₙ）分析图

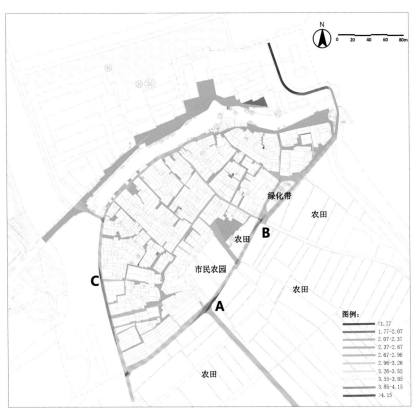

图 3-14　大西坝村街巷空间视域集成度分析图

图 3-15　大西坝村街巷空间视域集成度交叉口区域分析图

图 3-16　大西坝村街巷空间视域平均深度分析图

图例:
&lt;4.3
4.36–4.92
4.92–5.48
5.48–6.05
6.05–6.61
6.61–7.17
7.17–7.73
7.73–8.30
8.30–8.86
&gt;8.86

0  20  40  60  80m

图 3-17　大西坝村街巷空间的视域连接值分析图示 1

图 3-18　大西坝村街巷空间的视域连接值分析图示 2

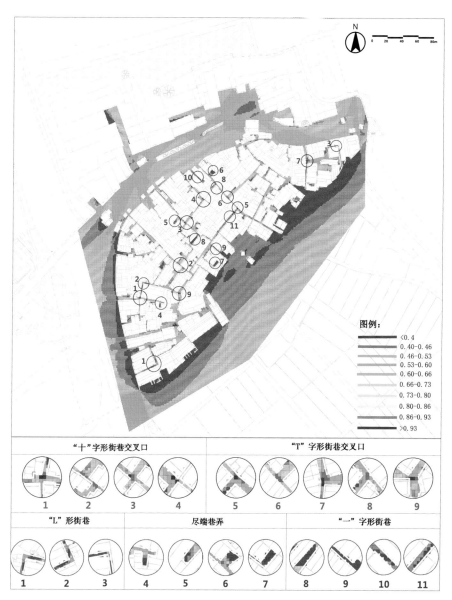

图例：
- <0.4
- 0.40-0.46
- 0.46-0.53
- 0.53-0.60
- 0.60-0.66
- 0.66-0.73
- 0.73-0.80
- 0.80-0.86
- 0.86-0.93
- >0.93

"十"字形街巷交叉口

1  2  3  4

"T"字形街巷交叉口

5  6  7  8  9

"L"形街巷

1  2  3

尽端巷弄

4  5  6  7

"一"字形街巷

8  9  10  11

图 3-19  大西坝村街巷空间的视域聚集系数分析图示

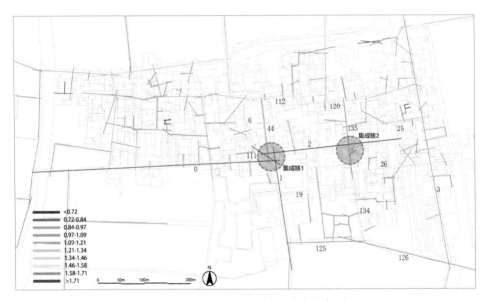

图 5-4 半浦村轴线分析：全局集成度（$R_n$）

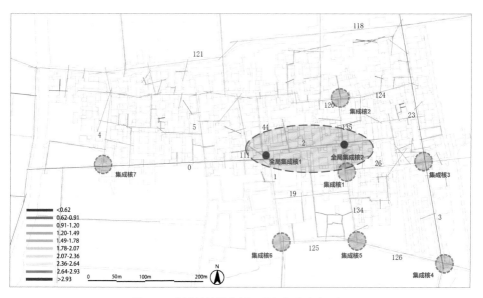

图 5-6 半浦村轴线分析：局部集成度（$R_3$）

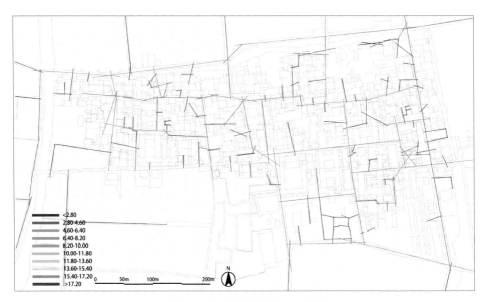

图 5-7 半浦村轴线分析：连接值

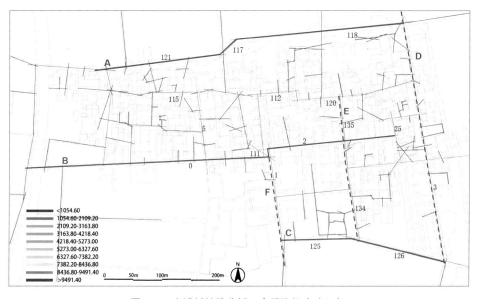

图 5-8 半浦村轴线分析：全局选择度（$R_n$）

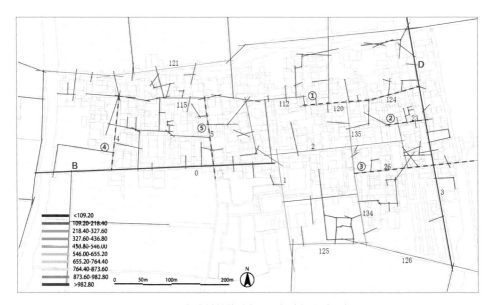

图 5-9　半浦村轴线分析:局部选择度（R₃）

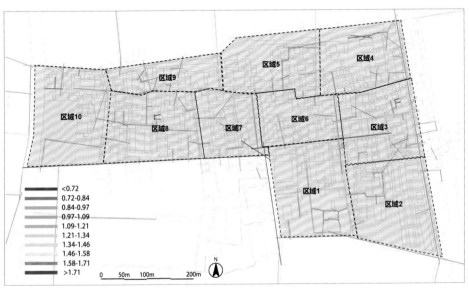

图 5-11  半浦村局部平均集成度

| 区域 | 局部平均集成度 | 轴线数 |
|------|------------|-------|
| 区域1 | 1.2492 | 26 |
| 区域2 | 1.2288 | 16 |
| 区域3 | 1.2323 | 28 |
| 区域4 | 1.2051 | 21 |
| 区域5 | 1.2383 | 18 |
| 区域6 | 1.3602 | 13 |
| 区域7 | 1.3367 | 18 |
| 区域8 | 1.1167 | 28 |
| 区域9 | 1.1802 | 22 |
| 区域10 | 1.2072 | 16 |

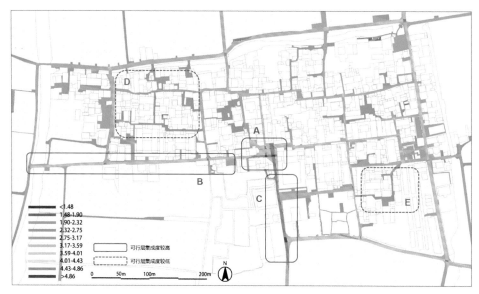

图 5-13　半浦村视域分析：可行层集成度（$R_n$）

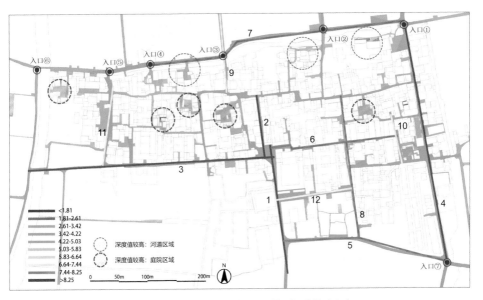

图 5-14　半浦村视域分析：可行层深度值（$R_n$）

低连接值区域

<4362.20
4362.20-8724.40
8724.40-13086.60
13086.60-17448.80
17448.80-21811.00
21811.00-26173.20
26173.20-30535.40
30535.40-34897.60
34897.60-39259.80
>39259.80

高连接值区域

中连接值区域

N

0    50m    100m        200m

图 5-15　半浦村视域连接值分析：村域范围

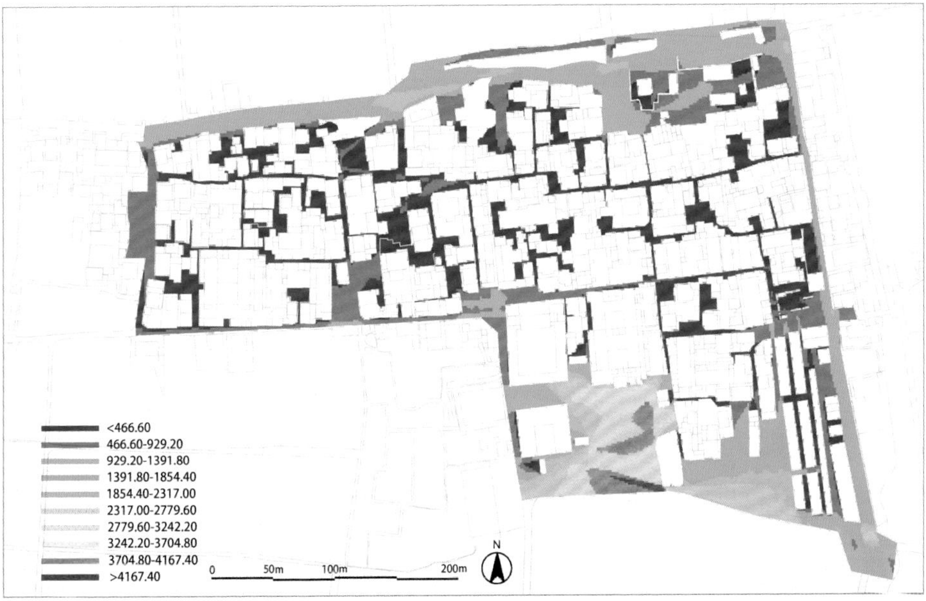


图 5-16　半浦村视域连接值分析：街巷范围

（a）可行层视域连接值

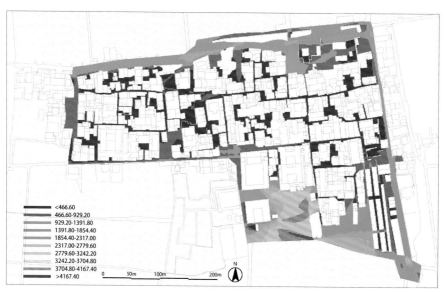

（b）可视层视域连接值

图 5-17　半浦村可行层与可视层视域连接值对比

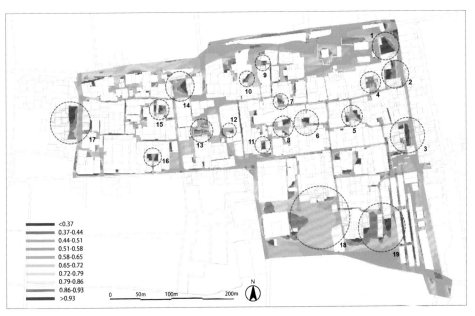

图 5-19　半浦村视域分析：聚集系数

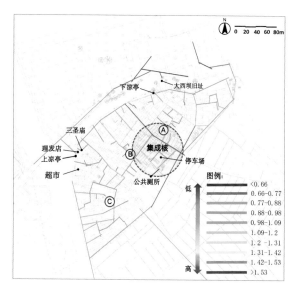

6-3（a）更新前全局集成度图示

6-3（b）更新前局部集成度图示

6-3（c）更新后全局集成度图示

6-3（d）更新后局部集成度图示

图6-3　更新前后集成度比较图示

図例：
低 ━━ <405.3
━━ 405.3-810.6
━━ 810.6-1215.9
━━ 1215.9-1621.2
━━ 1621.2-2026.5
━━ 2026.5-2431.8
━━ 2431.8-2837.1
━━ 2837.1-3242.4
高 ━━ 3242.4-3647.7
━━ >3647.7

6-4 （a）更新前全局选择度图示

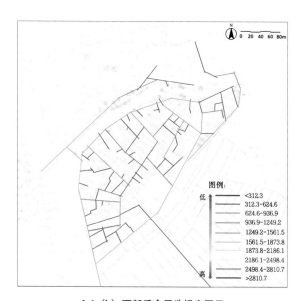

图例：
低 ━━ <312.3
━━ 312.3-624.6
━━ 624.6-936.9
━━ 936.9-1249.2
━━ 1249.2-1561.5
━━ 1561.5-1873.8
━━ 1873.8-2186.1
━━ 2186.1-2498.4
高 ━━ 2498.4-2810.7
━━ >2810.7

6-4 （b）更新后全局选择度图示

图 6-4　更新前后选择度比较图示

6-5（a）更新前可行层视域集成度图示

6-5（b）更新前可视层视域集成度图示

图例：

低
&lt;2.10
2.10-2.57
2.57-3.04
3.04-3.51
3.51-3.99
3.99-4.46
4.46-4.93
4.93-5.40
5.40-5.87
高
&gt;5.87

6-5（c）更新后可行层视域集成度图示

图例：

低
&lt;2.50
2.50-3.23
3.23-3.97
3.97-4.71
4.71-5.45
5.45-6.19
6.19-6.92
6.92-7.66
高
7.66-8.40
&gt;8.40

6-5（d）更新后可视层视域集成度图示

图 6-5　更新前后视域集成度比较分析图示

大西坝村村落全貌

半浦村西北方向鸟瞰图

前　言

随着中国大运河被列入《世界遗产名录》，关于大运河文化遗产的"保护、传承、利用"成为国家、社会与学界关注的热点问题，相关研究也取得了丰硕的成果。运河沿线的传统村落作为衡量运河生态价值、经济价值和人文价值的物质与非物质形态综合体，其空间形态凝聚着先民的营造智慧，蕴含着历史文化和传统生活信息，体现出空间的美学，可以说是运河文化基因的在地显现。因此，运河传统村落是大运河文化遗产保护利用中不可或缺的组成部分。浙东运河宁波段具有特殊的区位优势、历史地位以及宝贵的传统村落资源，也因此成为本书的研究对象。

关于传统村落的研究，史籍文献研究和田野调查是常用的方法。然而，在历史记载的完整性和历史记忆的延续性方面往往存在难以弥补的缺陷，这给传统的历史文献研究方法带来了挑战。从现代理论来看，空间研究具有自然科学、社会科学和艺术学三大学科的多元属性与综合特征。于是，诞生于 20 世纪 70 年代的空间句法成为本书的研究方法之一。空间句法以"组构"为核心概念，为建成环境研究者提供了比较研究的强大工具：能以系统的方式将不同区域、不同尺度，甚至不同时代的案例放到一起，进行空间结构的量化分析，探讨空间属性与社会属性之间的关联，从而实现指导设计、建设美好家园的根本目的。

因此，本书综合运用了设计学、社会学、人文地理学等多学科的理论与视角，选择最能反映传统村落社会关系、历史文化和生活方式的公共空间作为切入点，全面系统地描述浙东运河宁波段传统村落公共空间的形态特征与深层结构，挖掘运河文化的内涵和作用机制，并对保护和发展运河村落公共空间、弘扬地域文化做出探讨。

作为基础性研究，本书首先从自然地理、历史沿革、文化特征等方面，探讨了浙东运河及浙东运河宁波段沿线村落的形成过程与时空分布特征。其次，在广泛搜集文献资料、深入翔实的田野调查的基础上，借鉴图底关系、形态类型学、空间句法等理论与工具，定性、定量地描述浙东运河宁波段传统村落公共空间的形态与组构特征。其中，空间句法运用了轴线和视域两种分析模型：轴线模型用于了解村落的空间组织与活动路径；视域模型重点分析村落的空间形态与感知行为。应该说，描述传统村落历史的文献资料很少，记录其空间形态的图像资料则更为匮乏。于是在满足普查性和典型性的前提下，本书选择了上述信息相对丰富的大西坝村和半浦村作为研究案例，并依据现场测绘、访谈、典籍相关记载等综合信息，满足了句法分析的精度要求。最后，结合案例，对运河村落公共空间保护利用的艺术设计路径与活力提升策略提出了思考与建议。

本书的出版得到了 2023 年度浙江省哲学社会科学规划课题"浙东运河宁波段传统村落保护利用的空间认知与设计路径研究"，浙江省教育厅课题（Y202146160）等科研基金的资助，以及国家社会科学基金艺术学项目（18BG131）的部分资助。特别感谢半浦美术馆馆长葛晓弘教授提供的宝贵资料，感谢宁波大学潘天寿建筑与艺术设计学院美术系主任马善程博士的倾力协助。感谢参与项目研究及本书编写的团队成员，他们是：黄舒悦、虞佳佳、张津豪、邬静静、黄艺、杨静怡、唐洁、陶锋、徐琼。感谢宁波大学潘天寿建筑与艺术设计学院诸位领导与同事们的鼓励、协助。此外，在本书编写的过程中，参考了环境设计、风景园林、建筑设计等领域专家、学者们的文献资料，并在书后的参考文献部分进行了罗列，但也有些文献可能被忽略或遗漏。在此向所借鉴研究成果的学者表达真挚的谢意，若有遗漏，也表达深深的歉意。

与此同时，尽管作者对书稿及其文字进行多次修改与完善，但鉴于作者学识和能力的限制，本书不免有疏漏之处，恳请各位方家斧正。

绪

论

自 2014 年中国大运河被列入《世界遗产名录》以来，大运河的保护、传承和利用成为社会与学界关注的热点，相关的研究也取得了大量的成果。2020 年 10 月，建设大运河国家文化公园被写入《中共中央关于制定国民经济和社会发展第十四个五年规划和二〇三五年远景目标的建议》，标志着高质量推进大运河国家文化公园建设成为"十四五"期间文化领域的重要战略部署。大运河国家文化公园建设，立足深入阐释大运河文化价值、大力弘扬大运河时代精神的目标，旨在推动具有千年人文积淀的大运河文化风貌的整体再现和沿线文化遗产的系统性保护。在此共识下，大运河沿线省市纷纷启动大运河国家文化公园建设，希冀将大运河国家文化公园建设成展示中华文明、彰显文化自信的亮丽名片。[①]

　　大运河包括隋唐大运河、京杭大运河和浙东运河三部分。它们在历史上曾发挥了漕运、商贸、文化交流等作用，产生了巨大的社会影响力，直至今日仍具有重要的航运、灌溉、生态价值，而其遗

---

① 参见王秀伟、白栎影《大运河国家文化公园建设的逻辑遵循与路径探索——文化记忆与空间生产的双重理论视角》，《浙江社会科学》2021 年第 10 期。

留下来仍然在延续的文化遗产价值更是难以估量。浙东运河宁波段作为大运河内河航道与外海连接的纽带，是海上丝绸之路走向世界的起点之一，在大运河体系中拥有得天独厚的区位优势和无可替代的历史地位。2021年《大运河（宁波段）文化保护传承利用实施规划》印发，标志着宁波地区运河文化"保护、传承、利用"的长远目标与近期任务的全面谋划已然成型。运河沿线的传统村落作为衡量运河生态价值、经济价值和人文价值的物质与非物质形态综合体，既是运河文化基因的在地显现，更是运河文化遗产保护利用不可或缺的组成部分。因此，在21世纪快速城镇化、新农村建设和乡村复兴的历史进程中，这些运河村落在保护与开发两个矛盾面的调和上的问题亟须解决，在文化精神和艺术内涵方面的延续性以及焕发新生的可能性亦值得期待。

# 第一节　研究缘起

## 一、传统村落面临的时代背景

党的十六届五中全会（2005）提出建设社会主义新农村的重大历史任务，党的十八大（2012）以来，中央和地方陆续出台美丽乡村建设相关政策。浙江安吉率先提出以改善农村生态环境为基础，打造知名农产品品牌，积极推动生态旅游发展的"中国美丽乡村"建设计划，被称为"安吉模式"；2010年，浙江省全面推广安吉经验，把美丽乡村建设升级为省级战略决策。2013年，国家发布了《农业部"美丽乡村"创建目标体系（试行）》；同年12月，中央城镇化工作会议提出，要"让城市融入大自然，让居民望得见山、看得见水、记得住乡愁"。其中，明确提到对乡村生态文明建设与文化传承的重视，要求构建具有"传承价值、历史记忆、地域特色、民族特点"的新型城镇。2014 年出台的《国家新型城镇化规划（2014—2020 年）》可以概括为：遵从乡村自然条件和发展规律，重视生态安全，改善环境质量，保护和弘扬优秀的传统文化，延续地域历史文脉。2017 年，国家提出"乡村振兴"战略，全面推进乡村建设，为新时期乡村复兴注入活力。[①] 至此，"新农村建设—美丽乡村—乡村振兴"形成了 21 世纪中国乡村建设与发展的三个重要阶段。

与此同时，住房和城乡建设部、文化部、国家旅游局、国家文物局等政府职能部门，相继颁布了"历史文化名镇名村""特色景观旅游名镇名村""中国传统村落"等特色村镇名录。这标志着国家和社会各界对于传统村落的关注与重视，进一步明确了乡村复兴、文化自觉和保护利用的坚强决心与实施力度。截至 2020 年，宁波市共有 10 个村镇成为国家级历史文化名镇名村，28 个村落入选中国传统村落名录，4 个村落入选特色景观旅游名镇名村。（表 1）

---

[①] 参见王军围、唐晓岚《乡村景观变迁与评价》，东南大学出版社 2019 年版，第 1 页。

表 1　宁波市入选国家级特色村镇类型（2020）[1]

| 名称 | 特色要素 | 颁布部门 | 实施年份 | 当前数量（个） | |
|---|---|---|---|---|---|
| | | | | 全国 | 宁波 |
| 历史文化名镇名村 | 历史文化价值 | 住建部和国家文物局 | 2002 | 799 | 10 |
| 特色景观旅游名镇名村 | 特色景观与风貌 | 住建部和旅游局 | 2009 | 553 | 4 |
| 少数民族特色村寨 | 少数民族文化与聚落特征 | 国家民委和财政部 | 2009 | 1652 | 0 |
| 中国传统村落 | 历史文化价值 | 住建部、文化部和财政部 | 2012 | 6819 | 28 |

## 二、浙东运河宁波段传统村落公共空间现状

新型城镇化与乡村振兴是中国现代化进程的重要内容，许多乡村由此摆脱了贫穷落后的面貌，经济也得到了很大的发展。然而随着城镇化进程的不断深入，自 2001 年至 2017 年，我国村庄由345.9 万个锐减至 244.9 万个。其中，具有较高历史文化价值的传统村落尚未深入调查研究，就在城镇化浪潮中处于消失的边缘[2]。与此同时，最能反映传统村落社会关系、历史文化和生活方式的公共空间也受到了各方面的冲击，一部分传统的公共空间形式日渐消亡或处于衰败的边缘，而一些具有新形式、新特征的公共空间也在同

---

① 表格数据来源：根据各部门历年发布的数据统计。

② 参见段进、殷铭、陶岸君、姜莹、范拯熙《"在地性"保护：特色村镇保护与改造的认知转向、实施路径和制度建设》，《城市规划学刊》2021 年第 2 期。

步产生。这种公共空间的剧烈变迁不仅表现在物质形式上，还表现在村民原有的生产、生活方式受时代与外界影响后而导致的公共生活方式的蜕变上。在对浙东运河宁波段传统村落的踏勘、走访过程中，笔者发现村落公共空间普遍存在以下几种状态。

### （一）生态环境的改变

生态环境在这里指的是人类赖以生存的自然环境以及展现人地关系、人际关系和经济状态的社会环境。农耕稻作是最为传统而典型的生产方式，随着农耕的削弱，村落对城镇经济资源的依赖日渐加深，村民长期进城务工，或留在村里从事旅游业、开办企业，他们的田地多承包给少部分本村或是外村人员耕作。与此同时，为了村落发展与建设，许多耕地被占为商业种植或建筑用地，并由于缺乏科学引导与有效监管而造成生态环境的破坏。此外，还有一些村落为迎合游客而跟风种植油菜花、薰衣草等，无形中改变了村落的农地格局，并且弱化了村落本身的传统风貌与特征。可以说，村落农耕性公共空间从内在的生产与社交方式到外在的空间形态与景观风貌均面临衰落。传统农业社会、经济格局下形成的和谐的社会结构和人际关系在现代经济关系的影响下也逐步丧失和瓦解。

### （二）水系空间的衰败

对于运河边的传统村落而言，河道、水体的重要性不言而喻。村落与水系互动互生，形成了丰富多彩的空间格局，孕育了各式各样"带水"的公共活动。近现代以来，公路的建设完善与机动车的普及使现代公路早已代替水路成为运河村落对外沟通的主要交通方式，运河水系的交通与贸易功能基本丧失。旧时，村民日常生活中打水、洗涤、洗澡，基本依赖于村落的河道、堰塘、水井等，围绕着这些水体的空间也由此成为村民集聚闲聊的理想场所。如今自来水已供应到户，这些水体的生活供水功能以及带来的交往活动也随之弱化甚至消失。因此，水系、水利设施与滨水空间在运河村落生产生活中的重要性日益降低，衰败也就在所难免。码头、河埠头、桥头、井台等传统的公共空间活力不再，许多水塘甚至被填平作为宅基地或工厂用地，水系两岸的滨水景观也未能充分体现生态与休闲价值。

## （三）历史文化的消退

传统村落和谐的人居环境中所蕴含的"天人合一"的哲学思想、生态观念以及所传达的文化意义在城镇化的冲击下逐渐消退。传统村落中的祠堂、祖屋、村庙、书院等，曾是宗族群体的凝聚核心与精神象征。然而随着新生活方式的引入，一方面一些良性的宗族性、习俗性和农耕性的集会活动日益减少，另一方面这些标志性建筑由于年久失修、附近民宅扩建而被拆除、改建或淹没。于是，村落文化的核心精神逐渐散佚，村落作为社区生活共同体的价值也就日趋减弱。大量劳动力进城务工，学龄儿童外出上学，村中剩下少数留守老人守着日渐破败空旷的老房子，昔日"守望相助"的传统村落成为"人去楼空"的"空心村"，等等。村民逐渐淡化和散失对村落共同体的归属感以及精神家园的集体记忆，历史文化更是因为失去了公共空间和村落共同体这样的传承载体而日渐"荒漠化"，最终，根植于乡村沃土的优秀传统文化也将成为"失根的文化"。①

　　（四）空间形态的异化

　　空间形态的异化集中体现在两方面：一是传统的公共空间残旧、破损现象严重，不少街巷两侧的建筑坍塌，而且往往无人维护、修复；二是新建的公共空间，如康体健身场、美术馆、休闲绿地等，很大程度上以城市社区为模板，强调设施的配比与技术指标，却可能忽略了村民的实际需求。不可否认，新生活方式需要新的配套设施和新的生活空间。然而，这些新公共空间似乎有点"水土不服"：不少场地被闲置或改变用途；康体设施由于维护不善在热潮过后难以为继；休闲绿地未能很好地结合实用功能而成为形象工程；等等。这些现象的背后都存在着忽略村落历史文化和生活习俗的问题。于是，一些有特殊意义的公共空间未能被妥善地保护利用起来，同时新建的场所往往景观功能大于社交功能。实际上，村落公共空间形态是生态环境、历史文化与公共空间互动契合的产物，同时也起着协调三者和谐关系的自组织作用。可以说，过快的城镇化、现代化进程突破了传统村落渐进式发展的界限，打破了传统村落自我更新的动态平衡，导致村落各类物质空间要素的分布不能通过时间的磨合而达成有机平衡。

　　综上，传统村落的生态环境改变与历史文化断裂既是社会问题，也是规划设计中的技术难题。就如何保护生态环境、传承历史文化、贯彻乡村振兴战略，生态学、文化学、社会学等学科已从各自领域进行了努力的探索。然而，如何在村落公共空间上加以综合

---

① 参见鲁可荣、程川《传统村落公共空间变迁与乡村文化传承——以浙江三村为例》，《广西民族大学学报（哲学社会科学版）》2016年第6期。

统筹，什么样的公共空间才能取得传统村落建设与生态保护、历史传承的共赢，则是设计学科必须回答的问题，也是落实乡村振兴，建设美好家园需要回答的问题。

## 三、传统村落公共空间的研究意义

如前所述，村落中传统赓续与城镇化进程的此消彼长，集中映射在村落的公共空间上，成为传统村落危机的突出表现。同时，传统村落所拥有的自然资源、历史文化价值和旅游潜力，又使其成为消费语境下开发利用的前沿阵地。由此可见，传统村落公共空间的保护与创生无法回避。而有着鲜明地域特色和运河文化特征的浙东运河宁波段传统村落，显然是理想的研究对象。于是，本书通过搜集运河村落公共空间实例、分析公共空间的结构与形态、梳理空间形式背后的地域性关联与文化内涵，全面、完整地展现公共空间的演变轨迹，以洞悉乡村社会中涌现的新文化特征和新生活需求，从而为设计学、社会学、艺术学等领域的研究与实践丰富素材以及提供经验。

### （一）为传统村落公共空间可持续发展提供理论探索

"一方水土养一方人"，这既是对地理环境和文化传统造就传统村落的总结，也是传统村落具有文化多样性特征的映象。自然、农业等乡村环境系统给人们带来与城市截然不同的感官体验，这也构成对外来游客的首要吸引力。充满地域特色的文化个性与空间美学，则决定了传统村落吸引力的强度与持久性。因此，公共空间作为传统村落文化的触媒机制，是全球化背景下村落可持续发展的核心内容。本书系统地梳理了运河村落公共空间变迁及其对历史文化传承发展的影响，尊重村民在公共空间变迁与文化传承发展中的主体地位，从而为重构村落公共空间、促进文化传承以及村落可持续发展提供理论指导与经验借鉴。

**（二）为传统村落公共空间的保护研究拓展理论视角**

本书对于运河村落公共空间的研究，由单向的、物质的形态类型研究转向"空间—自然—人文"互动发展模式研究。识别并提取运河村落公共空间与自然环境、历史文化互动过程中所形成的独特的、稳定的空间组合模式，可以在肯定形态类型学对于村落建筑遗产保护层面的贡献的同时，将"有形的、可见的、可感的"空间物象与"无形的、联想的、升华的"空间意境和文化内涵有机串联起来，从而以"空间互动论"的视角去分析具体的时空环境，实现传统村落公共空间保护理论的丰富与拓展。

**（三）为传统村落公共空间开发利用提供技术支持**

对于设计学科而言，通过研究空间形态与行为活动的交互关系，可将运河村落公共空间的规划设计从基本的"田野调查、资料分析—设计创意、规划导控"进阶到"空间基因提取—乡愁演绎设计"模式。实现设计的"在地性"与"时代性"，避免以"模式套用""主观臆想"来面对千差万别的传统村落，导致不尊重历史和自然的设计弊端。这将有利于推动乡村设计从空间形式创作到空间基因分析的方向性转变，提供传统村落建设与自然保护、文化传承共赢的有效设计路径与技术支持。

# 第二节　研究视野

## 一、相关概念与认知视角

### （一）浙东运河

最早记载浙东运河的文献资料是东汉时期成书的《越绝书》，称其为"山阴故水道"，早在春秋时期的越国便已存在，是我国最古老的人工运河之一。之后称"漕渠""运道塘""运河""官塘""浙东运河"等，其各段的称谓又有"西兴运河""萧绍曹运河""虞甬运河"等。主要航线北起钱塘江南岸，经西兴镇到萧山，东南到钱清镇，再东南过绍兴城至曹娥江，过曹娥江以东至梁湖镇，东经上虞丰惠旧县城到达通明坝而与姚江（亦称余姚江）汇合，全长约125千米，此段为人工运河。之后，经余姚、宁波汇合奉化江后称为甬江，东流镇海以南入海，此段以天然河道为主，亦有部分人工改造工程。[①]

浙东运河属于大运河最南端的河段，自杭州西兴镇至宁波镇海区甬江出海口全程239千米，由西向东贯穿了宁绍平原，成为古往今来航运、商贸、文化交流等人类社会发展延续的重要通道。如前所述，浙东运河宁波段作为大运河历史上河海联运的最后一段河道，有着举足轻重的作用与地位。

---

① 参见邱志荣、陈鹏儿《浙东运河史（上卷）》，中国文史出版社2014年版，第2页。

简单来说，浙东运河宁波段除了姚江外，主要包括两条水道——慈江和刹子港河段。20世纪六七十年代，政府对这两条水道进行了大型的疏通工程，现如今水道的航运功能大大减弱，主要发挥着生态、灌溉、泄洪和文化功能。与此同时，文化遗产、交通管理、水利和城市发展等部门都在努力保护运河沿线的历史建筑，维护河流通航和生态，控制保护区的土地使用等。①

## （二）传统村落

提到传统村落，需要了解一下"聚落"的含义。"聚落"在《辞海》中的解释是："人聚居的地方"，也就是具有一定数量的人群相互依靠、共同生活的场所。聚落在人类历史上有一个动态发展的过程，即自然村—村庄—镇—城市—都市—都市区—集群城市。因此村落是聚落的一种，相对于城市而言是城市以外分布在农村范围内的居民点。从社会学角度来看，村落是农业性群体长久生活、聚居、繁衍的拥有明确边界的空间实体和社会单元。

传统村落的界定兼具"传统"与"村落"的内涵：是指民国之前形成，文化生态源头清晰完备，物质和非物质文化遗产相对丰富，建筑风貌、村落选址没有明显更改，地域特征显著，虽建村较久但目前仍可供人们生产生活，拥有较高的科学价值和历史价值，并应当予以保护或已受到保护的村落。作为特定的生活空间，它们因宗族繁衍和文化传承，至今保留着相对完整的空间形态，生产和生活方式保持了一定的传统风貌。可以说，传统村落是活化的文化

---

① 参见王薇《大运河生态文化景观可持续保护与发展的基础研究》，天津社会科学院出版社2020年版，第27页。

景观遗产，可以完整呈现某一历史时期、某一特定地域单元的生产生活方式、社会文化水平和民族特色。[①]

除了传统村落外，还有"古村落""历史文化名村"等相关的名称与定义。2012 年，传统村落保护与发展委员会将"古村落"的习惯称谓改为"传统村落"。"中国历史文化名村"由住建部和国家文物局共同组织评选，"中国传统村落"则由住建部、文化部和财政部共同评定。两者的评定单位、实施时间和评价指标有所不同，但都明确了村落的历史文化价值，更有不少村落同时入选"中国传统村落"和"中国历史文化名村"。于是，本书将它们归为"传统村落"一体讨论。狭义的传统村落即为古村落和历史文化名村，是指那些具有悠久的村落历史，丰富独特的古建筑（群）和非物质文化遗产的传统村落，更强调其作为文物保护单位；广义的传统村落是指建村历史较长，具有较为完整的村落历史面貌、村域选址布局及民居建筑，具有浓郁地方特色的农耕生产生活方式，村民仍然生产生活于其中的活态的村落共同体[②]。因此，本书中出现的"古村""历史文化名村""运河村落"等名词，均指代传统村落。

（三）村落公共空间

作为最基本社会单元的村落，存在着各式各样的社会关联与人际交往的结构方式，当这些社会关联与人际交往的结构方式具有某

---

① 参见张浩龙、陈静、周春山《中国传统村落研究评述与展望》，《城市规划》2017 年第 4 期。

② 参见鲁可荣、程川《传统村落公共空间变迁与乡村文化传承——以浙江三村为例》，《广西民族大学学报（哲学社会科学版）》2016 年第 6 期。

种公共性并相对固定下来时，便构成了社会学意义上的"公共空间"。而当这些社会关联与人际交往的结构方式发生的场所以某种建筑空间形式固定下来时，便形成了建筑学意义上的"公共空间"。因此综合来看，"村落公共空间首先是一个空间体，具有界面、比例、尺度等空间形式特征；同时它还是一个场所，承担着村落居民的生产与生活活动，是村民进行不同层次公共交流的开放性场所，体现村民的理想和价值观，具备场所本身的精神意义"①。

由此可见，村落公共空间由建筑界面、虚体空间、自然环境和村民生活共同构成，担负着村落内的社会活动和各种功能，具备历史、生态、文化、美学、技术等内涵，是一个动态发展的、具有"物质"与"社会"双重属性的空间环境系统。本书进一步归纳为，村落公共空间是在一个村落共同体内部，在村民长期的生产生活中逐步形成的影响和形塑村民日常生活方式的公共空间结构和社会关系状态，既包括公共物质性的结构空间，又包括社区共同体的精神归属空间。需要强调的是，相对于其他乡村而言，传统村落的公共空间保存得更为完整，村落集体记忆和乡村文化传承更为清晰且延续性更强。

（四）空间形态

"形态学"（Morphology）一词源于希腊词根"Morphe"和"Logos"，也就是形式与逻辑，因此形态包含了事物的外在形式及其内在的构成逻辑。"形态"在《辞海》中的解释为："事物的形状与神

---

① 张健：《传统村落公共空间的更新与重构——以番禺大岭村为例》，《华中建筑》2012年第7期。

态或在一定条件下的表现形式"，即不单单指事物的几何形状，还有形成的原因以及传达的精神意义。可见，两种解释都强调了形态的构成以及历时性的形成过程。关于形态的研究包含两点重要思路：一是从局部到整体的分析过程。复杂的整体被认为是由特定的简单元素构成的，因此从局部元素到整体的分析方法适合于研究此类整体，并可以得到客观结论；二是强调客观事物的演变过程，事物的存在有其时间意义上的关系，历史的方法可以帮助人们理解研究对象包括过去、现在和未来在内的完整的序列关系。①

基于上述理解，空间形态是空间要素通过结构关系形成整体后所呈现的形式和意义。它不但包括空间的形式、位置、构筑方式以及生活方式、文化观念等空间特色和精神意义，还包括人们对空间的心理反应与认知（因为人们的认知联系了空间与社会两个系统），以及由此产生的主观空间形态。可以说，空间形态"是一种复杂的经济、社会现象和社会过程，是在特定的地理环境和一定的社会历史发展阶段中，人类的各种活动与自然因素相互作用的综合结果，是人们通过各种方式去认识、感知并反映的空间整体的意向总体。"②

总而言之，村落公共空间形态是村落公共空间的外在表现形式，包括宏观体系下的村落公共空间分布特征、中微观体系下的公共空间形态环境及其内部各要素的表现特征，因而具有符号象征与

① 参见谷凯《城市形态的理论与方法——探索全面与理性的研究框架》，《城市规划》2001 年第 12 期。
② 转引自段进、季松、王海宁《城镇空间解析：太湖流域古镇空间结构与形态》，中国建筑工业出版社 2002 年版，第 10 页。

美学品质；与此同时，村落公共空间形态反映出人们的社会生活和精神文明，即外显形态之内所蕴涵的构成逻辑，如社会文化逻辑、经济技术逻辑等。因此，村落公共空间形态是有形与无形的辩证统一，本书对其考察也是从这两个基本方面入手。

## 二、国内外相关研究述评

### （一）国内相关研究概况

国内的相关研究可以从村落公共空间和浙东运河两大层面展开叙述。

1. 村落公共空间

第一，村落公共空间的概念。学者们分别从公共属性、关系属性、空间属性、社会属性、文化属性等不同视角加以界定和分析。戴林琳、徐洪涛认为村落公共空间作为容纳村民公共生活及邻里交往的物质空间，是村民可以自由进入、开展日常交往、参与公共事务的主要场所；朱海龙、曹海林等认为村落公共空间既是一个拥有固定边界的实体空间，也具有公共性的相对固定的社会关联形式和人际交往结构形式；董磊明认为村落公共空间主要包括公共场所、公共权威、公共活动与事件、公共资源四个要素，影响着村民的日常生活与精神状态，形塑着村落的价值体系。

第二，村落公共空间的类型。村落公共空间的类型可以大致划分为五大类。第一类是根据村落公共空间的性质分类：郑霞、金晓玲、胡希军提出将村落公共空间分为物态空间和意态空间两种；梅策迎提出村落公共空间可分为政治性公共空间、生产性公共空间、生活性公共空间三种。第二类是根据物质形态来分类：麻欣瑶、丁绍刚认为村落公共空间可以分为点状空间、线状空间和面状空间。第三类是根据村落公共空间的存在时间来分类：刘兴、吴晓丹提出将公共空间划分为稳定性空间和暂存性空间两种。第四类是根据村落公共空间的功能分类：杨迪、单鹏飞、李伟将公共空间分为道路空间、门户空间、神仪空间、休闲空间四种。第五类是根据村落型构动力的不同分类，如"行政嵌入型"与"村庄内生型"。很明显，上述村落公共空间的类型划分存在着重合的部分，这是因为公共空间功能的多样性，而类型的细化也说明这方面的探讨比较充分。

第三，村落公共空间的特征。一般归为两大类：一类是体现公共空间的社会属性，另外一类是体现公共空间的物质属性。在社会属性的具体表现上，有学者认为村落公共空间是一个社会生活与交流的平台，反映了社会政治关系，也是社会生活的具体化，是一个能容纳社会关系发生的平台；也有学者认为村落公共空间是社会公共精神的体现，具有"公共领域"的某些精神要素，又具有自己的特质，它所要达到的目的是体现村落社会的公共价值和公共精神；还有学者认为村落公共空间是非物质文化的载体，承载了聚落社会生活的各种情境，承载起当时当地的风土民俗。在物质属性的具体表现上，有学者认为村落公共空间可以提供一种物质性的空间场所来支持社会活动；也有学者从村落公共空间的物质构成来描述其特征，提出公共空间的群体组合是按一定功能顺序和结构关系，遵循民族风俗和建筑形式美原则，结合当地地形地貌条件，不断发展整合的结果。

由上可知，村落公共空间特征虽然有多种表现形式，但其实质是公共空间社会、物质二重性的综合体现。因此关于村落公共空间的研究，应立足于其二重性的基础上进行。

第四，村落公共空间的演变及其原因。关于村落公共空间变迁与发展趋势，有学者认为，随着农村经济转型，不少村落公共空间逐渐萎缩、废弃甚至消逝；也有学者指出村落公共空间的演变呈现出行政嵌入型的正式公共空间趋于萎缩，而村庄内生型的非正式公共空间日益增多的大致趋势；还有学者认为村落公共空间的发展受诸多因素影响，未来具有不确定性。这三种看法均基于研究案例的差异，说明村落公共空间的演变是一个复杂的过程。相应地，村落公共空间演变的原因也大致归纳为三种：一种认为村落公共空间衰败的原因是社会经济结构的变动，它可以通过两方面来表现，一是如家族制度、亲缘关系等社会人文因素的巨大变迁，造成很多村落公共空间走向衰败或消失；二是村民的休闲活动逐渐以家庭为中心，数字媒体成为休闲和文化娱乐的首选，所以村落公共空间也随之衰败了。第二种观点认为"行政嵌入型的公共空间"在衰落，而"内生型的公共空间"则在生长，有学者解释说"土改"后乡村社会的整合不再依赖外部的"建构性秩序"，而更多地依靠乡村社会内部形成的自然性秩序。第三种观点认为村落公共空间未来的演变具有不确定性，其原因是村落设施的运行方式等虽然确实发生了很大的变化，但还没形成客观评价所以难以判定优劣。

第五，村落公共空间的保护利用。首先在思想认识上，不少学者认为盲目的城市化会破坏传统文化、地方认同。如村落作为城市的辐射地带，和谐的人居环境、自然的生态观念在城市化的渗透下面临破坏和异化；旅游开发吸引大批游客进入村落，抢占了大量的公共空间，致使新的公共空间产生，传统公共空间被改造，对居民的日常生活造成干扰；等等。其次，有学者探究了村民行为活动对公共空间营造、变迁和保护的影响，指出宗族观念的延续使祠堂成为重要的空间节点，此外商铺、私塾等公共建筑也成为公共空间出现和发展的潜在区域。最后，学者们对公共空间的保护措施提出了具体建议。如通过对现有公共空间的整治、功能置换、闲置空间的开发建设等方式实现公共空间的更新和重构；可以从视觉角度入手，通过协调周边建筑高度、科学配置植物、完善服务设施等措施保护和更新传统村落公共空间。此外，学者们还针对景观、建筑等公共空间要素保护提出了建设性意见，等等。[①]

2. 浙东运河相关研究

从宏观的大运河国家文化公园建设的研究成果来看，通过文献梳理，可将已有研究归纳为理论和实践两个层面：一是通过对大运河文化发展脉络、文化遗产特征及价值的阐释，从理论上论述大运河国家文化公园的内涵和特质，分析大运河国家文化公园建设的内外关系、体制机制；二是通过对大运河国家文化公园建设实践及现存问题的分析，从不同角度提出建设对策。大运河国家文化公园的建设过程本质上是大运河文化记忆重构和沿线区域文化空间生产的过程。立足包括文化遗产在内的各类文化资源，通过文化记忆的复原和文化场景的营造重塑大运河沿线文化景观及其所处的文化空间的结构形态是大运河国家文化公园建设的关键。"因此，大运河国家文化公园的建设离不开对大运河相关文化记忆的挖掘与复现，也

---

① 参见张浩龙、陈静、周春山《中国传统村落研究评述与展望》，《城市规划》2017年第4期。

需要特定文化空间作为文化公园的内容和文化记忆的载体。"[①]

接着聚焦浙东运河的相关研究。历史地理学家陈桥驿先生对浙东运河的开发史做了奠基性的研究；水利专家姚汉源先生从水利工程、设施的角度考察了浙东运河，为运河文化遗产保护做出了贡献；邱志荣、陈鹏儿以历史沿革的时空轴线，从"水利工程""文人学术""景观建设"等维度，对宁波段的运河历史、文化遗址做了系统的梳理与分析；吕微露结合"丈亭古镇""慈城古镇"的历史风貌和建筑意象，提出运河古镇"更新""复兴"对策；钱文华、钱之骁通过慈城古镇七千年的文明史回顾，详细介绍了慈城的街巷、古迹、建筑等与运河文化密切相关的方方面面，并提出运河文化遗产的保护价值；何依、许广通等借鉴发生学理论，将运河村落历史环境视为动态建构的过程，从宗族社会与运河经济入手，对宁波的半浦古村空间进行"还原"与"叠合"，厘清村落演化的时间脉络与空间拓展过程，从而认识运河村落的文化价值与地域特色，探索运河村落的精准保护策略；等等。

### （二）国外相关研究概况

国外相关研究笔者主要从传统村落与公共空间两个层面在此分别做简析。

#### 1. 传统村落

国外传统村落的研究，大致分布在两类区域：一是以日本和欧洲国家为典型的发达国家；二是历史悠久或文化多样的国家，如中

---

① 王秀伟、白栎影：《大运河国家文化公园建设的逻辑遵循与路径探索——文化记忆与空间生产的双重理论视角》，《浙江社会科学》2021 年第 10 期。

亚、东南亚和非洲地区的国家。两者的研究重点有所不同：前者更注重对村落遗产保护的相关研究，后者因其村落多处于山区、群岛或古迹众多的区域，所以注重传统生产和生活方式、建筑、文化景观、旅游发展等方面的研究。

具体而言，发达国家如日本为了保护乡村非物质文化遗产，开展了造乡、造街运动，通过大学教授举办培训班的形式，促进传统文化的传承。另外，日本政府利用法律法规的制定，如《保护传统工艺品产业振兴法》等，确保日本传统工艺的传承和发展得以实现。英国作为世界文化遗产大国，乡村里保存了大量私家花园、贵族城堡、教堂等古建筑，其中被列入保护名录的古迹遗址近三万处。英国通过成立古建筑保护协会、英格兰遗产办公室，以制定法律的形式对古建筑进行保护。与此同时，在历史悠久或文化多样的国家和地区，有学者对传统村落木结构房屋的建筑材料、结构体系、连接细节等特征进行深入研究，为建筑师和工程师保护此种类型的房屋提供依据；也有学者调查发现，存在于传统村落的文化景观对于丰富景观多样性和保持村落景观本土性具有重要意义；还有学者指出，村落旅游发展是集成开发行为，并通过决策实验室分析法，得出地方居民的传统习俗和认知是旅游开发的关键；等等。①

2. 公共空间

公共空间的研究主要集中在城市领域，其渊源可追溯至古希腊。当时的民主制度以及舒适的户外环境，促成了户外公共空间的形成与发展。二战后西方国家进入城市重构的高速阶段，公共空间

---

① 参见张浩龙、陈静、周春山《中国传统村落研究评述与展望》，《城市规划》 2017 年第 4 期。

概念得到了广泛认同，并逐渐成为学界的研究课题。20世纪60年代，"城市公共空间"一词在刘易斯·芒福德和简·雅各布斯的论著中陆续出现。建筑学领域的相关著作有凯文·林奇的《城市意象》，提出了城市空间意象五要素和认知地图；芦原义信的《外部空间设计》《街道的美学》，提出了"D/H比例的空间尺度与外部空间设计理论"；扬·盖尔的《交往与空间》《公共空间·公共生活》，提出了经典的公共空间考察、评价与改善的"PSPL法"；等等。20世纪70年代发展起来的空间句法理论与方法，则致力于从空间关系研究城市等聚落的公共空间。通过数学模型和计算机软件，以句法变量、简明图示和统计推理的方式诠释空间"组构"，从而探讨空间与社会的内在逻辑。目前空间句法在全世界得到了广泛应用，创始人比尔·希利尔教授和他团队的著作有《空间的社会逻辑》《空间是机器——建筑组构理论》等。

总的来讲，国外传统村落遗产保护、文化景观挖掘、旅游开发等方面的研究实践值得借鉴。公共空间研究的理论、方法虽集中在城市领域，但研究范式可以与村落研究差异化相融，尤其是"PSPL法"和空间句法，对于传统村落公共空间的理论研究与设计实践大有裨益。

（三）研究述评

对相关文献的回顾表明，中国传统村落公共空间的研究呈阶梯式快速发展：研究视角逐渐向多领域扩展，从起初的描述性研究，到不同层面"物"的研究，再转向计量化、多学科交叉等方向；研究外延也从最初的科学价值、文化价值扩大到可持续发展的创新价值等。<sup>①</sup>不过，目前文化价值的研究重点依然是"传统"，对村落当前生产、生活空间形态的研究略显欠缺；在倡导可持续发展的大环境下，对于传统村落公共空间的保护开发模式的分析也略显单薄。因此，村落文化的"延续""转译""创新"可进一步探讨，公共空间的保护开发模式也有待深入。

放眼于浙东运河宁波段传统村落的研究，学者们的成果丰富了研究文献，但整体来看，基于运河文化的村镇聚落研究还是较为缺乏。已有研究对空间视域下运河文化的变迁规律着力不多，较少从文化记忆的角度论及运河村落的历时性建构与延续问题。尤其是21世纪以来，城乡空间结构的巨变对传统运河村落造成的冲击显而易见，而对于冲击所造成的具体影响与阶段性评价，政府、学界和社会大众往往持有不同的看法。然而可以肯定的是，运河村落的文化基因与美学价值，在新时代下应该理性地被"延续""转译""创新"。于是，将运河村落置于时间和空间两个维度下进行审视，把握村落的历时延续、空间演变以及空间行为的互动关系，从而理解运河村落公共空间建设的遵循逻辑和基本路径。具体可以从以下几个方面进行深入研究：

第一，研究尺度进一步拓宽。在特定区域内从翔实的个案研究向多个案例的比较研究拓展，增加全球化、新型城镇化背景下对传统村落公共空间开发保护模式的研究。

第二，研究内容层层递进。从传统村落公共空间形态的物质层面，包括空间系统的物质结构和具体形式，向人与空间交互关系层

---

① 参见张浩龙、陈静、周春山《中国传统村落研究述评与展望》,《城市规划》2017年第4期。

面递进，注重对传统村落生产生活方式以及村落保护开发利用等方面的研究。如通过对公共建筑、广场、街巷等公共空间之间的结构关系与人们的社会活动分析，挖掘传统村落形成的内在组织，并针对现状与需求出台相应措施，构建传统村落公共空间的开发模式。

第三，研究方法注重多学科交叉及新方法应用。目前已形成了地理学、建筑学、设计学、社会学、经济学、文化学、生态学等多学科交叉、渗透的研究局面，但形成互动的系统性研究仍有待推进。因此，在坚持田野调查的基础上，应用空间句法等量化的研究方法，可以更精准地做出定性的分析与判断。

综上所述，有着地域个性和文化特色的浙东运河宁波段传统村落，在研究尺度、研究内容、研究方法等方面尚有可深入的空间。若能结合学科交叉优势，广泛搜集宁波地区运河村落公共空间实例为研究对象，运用质性、量化的研究方法，在整体性地提出地域特色后，细究内部差异，将有助于归纳、比较运河村落公共空间形态特征，并对其内在的社会逻辑做出解释。

## 第三节　研究框架

### 一、研究思路

本书的研究对象为浙东运河宁波段传统村落的公共空间，在对大量样本进行宏观描述、比较分析的基础上，具体案例选取了两个建村历史较长、村落公共空间相对完整以及运河文化较为丰富的传统村落——大西坝村和半浦村。研究问题聚焦于运河村落公共空间的形态认知、保护开发的设计路径以及空间句法模型适用性实证。围绕着研究对象与研究问题，研究内容以研究目标可分为四大块：运河村落形成背景与布局类型；运河村落公共空间形态特征；空间形态与行为活动交互关系；运河村落公共空间优化策略。

## 二、研究方法

第一，文献研究。相关文献包括地方志、古籍文献、专著、期刊等资料；地方政府机构和规划部门的政策性文件、统计年鉴、传统村落保护发展规划文本、图纸资料等。

第二，田野调查。传统村落研究中相关的资料、数据往往有限，为获取原始资料，必须深入村落，在公共空间现场展开调研。主要从两个方面进行：一是为了尽量准确、翔实地挖掘运河村落公共空间的地域特征，需要对宁波地区的运河村落开展全面的实地普查；二是选择典型个案深入考察，本书两个案例的分析，都是建立在近距离观察、参与、体悟以及多次调研的基础上。

第三，交叉研究。村落公共空间研究属于人居环境科学体系中的一部分，是跨学科交叉研究的系统科学。本书选择了浙东运河宁波段作为传统村落研究的地域范围，其村落与公共空间所反映的地域特征和运河文化毫无疑问成为研究的重点，从而涉及相关的地理、历史和文化等学科。因此，本书立足于设计学，并借鉴社会学、地理学、建筑学、文化学等相关学科的成果与方法。具体来说，运用了类型学、空间句法和归纳与演绎法三类，从运河村落公共空间的物质形态、内在规律、演变发展三个方面综合剖析，立体呈现公共空间的构成要素和组织关系。

## 三、技术路线与研究框架

结合上述研究思路与研究方法，本书的技术路线与研究框架如图所示。（图 1、图 2）其中技术手段除了传统的问卷、走访、测绘等手段外，还主要运用无人机航拍技术、CAD & Depthmap & SPSS等计算机软件，依次完成数据采集、整理、分析等工作。

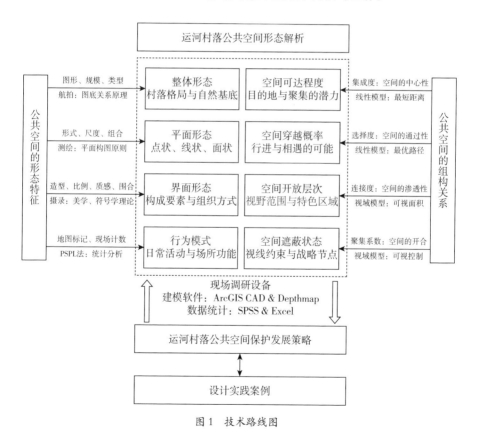

图 1　技术路线图

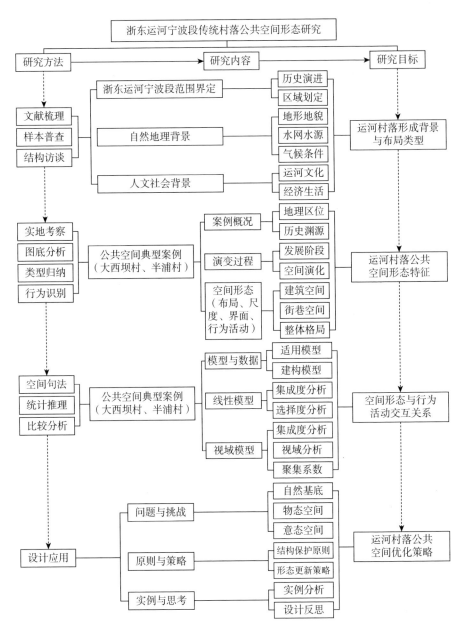

图 2　研究框架图

# 第四节 小 结

运河沿线的传统村落作为衡量运河生态价值、经济价值和人文价值的物质与非物质形态综合体,不仅是运河文化基因的在地显现,更是运河文化遗产保护利用不可或缺的组成部分。与此同时,公共空间在传统村落生成发展与建设更新的过程中,始终扮演着重要的角色。作为传统文化与地方精神的载体,村落公共空间是联系个体行为、形成和规范社会秩序的必要场域,为各种社会生活和民俗活动提供了场所,并反映出乡村生活的价值取向与理想追求。于是,本书选择最能反映传统村落社会关系、历史文化和生活方式的公共空间作为切入点,以浙东运河宁波段传统村落为研究对象,全面系统地描述其公共空间的形态特征与深层结构,挖掘运河文化的内涵和作用机制,并对如何保护和发展运河村落公共空间、弘扬地域文化做出探讨。

关于村落公共空间的研究,国内外各学科、各领域均已有丰硕的成果。从设计学角度来看,传统村落由建筑、景观与自然共同创造及组织的公共空间形态,不仅是可见的村落社会象征物,而且只有通过空间的组织系统,我们才得以认识一个实实在在存在着,并具有特定形态的乡村社会。因此,除了物质实体所展现的外观与表象外,更需要去体验和了解空间本身以及空间与社会的联系,因为它们定义了传统村落的社会性质。这就是说,传统村落公共空间本质上就是人的一种社会行为的体现,公共空间秩序经由人为设计或自然积累,出于某种社会目的而被创造出来,与此同时,社会也被公共空间秩序约束与识别,这是一个历时与共时相融的认知过程。

运河村落是有着特定地理环境与地域性运河文化的传统村落。因此了解和认识浙东运河宁波段传统村落的公共空间，有两个维度需要坚守：一是传统村落共同拥有的品质和元素；二是运河村落的特点与特色。于是本书的研究工作，也是在浙东运河宁波段的区域共性下，选择了两个典型案例进行深度调研，并以此为基础，借鉴空间句法的相关理论和方法，考察运河村落公共空间与社会活动的互动关系。为了系统地探讨这些问题，下一章将着重探讨浙东运河、浙东运河宁波段传统村落形成背景以及运河村落的布局类型等内容。

第一章

浙东运河宁波段传统村落的形成背景

# 第一节　浙东运河宁波段范围的界定

## 一、浙东运河的历史演进

中国大运河（简称大运河），这条世界上里程最长、最古老、工程量最大的人工运河，是世界文化遗产中的瑰宝。大运河始建于春秋时期，由京杭大运河、隋唐大运河和浙东运河三部分组成，共有十段河道。地跨北京、天津、河北、山东、河南、安徽、江苏、浙江8个省、直辖市，27座城市，全长2700千米，在2014年入选《世界遗产名录》。①

浙东运河位于大运河南端，由杭州钱塘江南岸至宁波甬江出海口，途经杭、绍、甬三市，全程239千米，是大运河内河航运通道与外海连接的纽带，同时也是与"海上丝绸之路"的交汇点。浙东

---

① 参见《中国大运河宁波段——浙东运河》，http://www.ningbo.gov.cn/art/2019/12/5/art_1229099806_52049433.html。

运河的开凿最早可追溯至春秋时期越国的山阴故水道（今绍兴境内），《越绝书》记载："山阴故水道，出东郭，从郡阳春亭，去县五十里。"这是现存的有关浙东运河的最早记载。西晋永嘉年间，会稽内史贺循主持开挖从钱塘江东岸的西兴至会稽城的西兴运河（萧绍运河），《嘉泰会稽志》载："运河在府西一里，属山阴县，自会稽东流县界五十余里入萧山县。"此后，甬江、姚江与曹娥江、钱塘江等水道也陆续得以连通，形成了完整的浙东水系。可以说，古人利用甬江、姚江天然河道，疏通河渠，连通大海，建构了海内外的联系。

唐时借由隋代开凿的运河，明州（今宁波）城内的越窑青瓷、粮盐美物可直达长安，而长安、洛阳、扬州等地的货物也可通过运河从明州出口海外。作为东南沿海重要港口，明州与海外的联系极为频繁。当时来自日本、高丽等国的僧人、使者，以及舶来商货大多数先登陆明州，而后转驳内陆航道进入其他地区。南宋定都临安（杭州）后，浙东运河进入发展的黄金时期，浙东运河成为富庶的绍兴府、明州和浙东许多地区沟通首都的要道，加之明州是当时重要的对外贸易港口，运河成为进出口贸易货运的黄金水道，因而南宋政权格外重视对浙东运河的整修，航运条件持续改善，都城所需漕粮、食盐以及其他物资均由运河输送。据《嘉泰会稽志》记载，当时萧山、上虞境内的运河可通行载重 200 石的船只，绍兴段运河可通行载重 500 石的船只。南宋王十朋在《会稽风俗赋并序》中，描述了当时运河的繁盛景象："堰限江河，津通漕输，航瓯舶闽，浮鄞达吴，浪桨风帆，千艘万舻。"浙东运河位于宁波地区的慈江和刹子港两段河道，也于宋代开凿，取代了丈亭以东姚江自然段，有效避免海潮对航运的影响。元、明、清三代由于国都北移，加之动乱对浙东地区的影响，致使浙东运河的航运地位从南宋时期的黄金时代逐年下滑。不过，浙东运河在灌溉、防洪、排涝方面的作用与地位不但没有被削弱，反而有所加强。因运河航运受限的影响，这段历史时期朝廷在宁波设立了漕运管理机构，实施漕粮河海联运，即货物先由运河抵达宁波，再转为海运至京城。于是，宁波成为当时沟通南北的重要枢纽。据考古发现，宁波永丰库（元）出土有各地的官窑青瓷，且在明代朝鲜官员崔溥的《漂海录》中记载着他出宁波府城西门至西塘河时的所见所闻，"江之两岸，市肆、舸舰纷集如云"，等等。这些资料都在佐证着当时的宁波是一个南来北往、商贾云集的运河城市和港口城市。近代，随着铁路、轮船的出现，运河的航运功能渐趋弱化，繁忙的河道渐渐平静了下来。中华人民共和国成立以后，浙江省加强了对浙东运河的整治工作，采取疏浚、拓宽、改道等措施整治航道，维护其通航需求。同时，逐步采用新工艺、新技术提升运河的航运能力，尤其是过坝升船的安全能力大大提高，浙东各地新建了多处港口码头，航政管理也不断加强，航运业有了全面的发展。改革开放以来，运河流域经济快速发展，对水运提出了更高的要求，促使古老的浙东运河焕发青春、提级赋能，为国家和地方的经济发展助力。

步入 21 世纪，随着生态文明时代的到来，大运河的生态价值、文化价值和经济价值凸显。于是在浙东运河原航道的基础上，政府又实施了新的杭甬运河、浙东引水、曹娥江大闸等工程建设，浙东运河的航运标准和运载能力有了大幅度的提升。2000 年，运河启动新一轮改造工程，提高航道等级，按 4 级航道标准进行整治，改建沿河船闸、桥梁等设施，通航标准从 300 吨级提升至 500 吨级，杭绍甬三地分段治理，先后通航。到 2013 年，运河改造工程全线竣工，其中杭州段 56 千米，绍兴段 89 千米，宁波段 94 千米。运河改造工程完成后，通航能力比原先提高了数倍，运能进一步强化，大大减轻了杭绍甬地区公路、铁路运输的压力。运河航运显示出运量大、成本低、能耗少的优点，因此受到水运市场关注，使更多物流企业"弃陆行水"，发挥水水中转、河海联运的优势，带来了良好的社会经济效益。

纵观浙东运河的历史，宁波作为浙东运河南端的唯一入海口，在大运河航路上占有重要的地理位置，它不仅在地理上沟通了中国南北，还在文化上辐射着东西。追溯浙东运河在宁波境内的历史，早在 7000 年前河姆渡文明时期，宁波段运河大动脉就已初具雏形。它流经余姚、慈溪、鄞县和镇海四大古县，交汇三江，奔流入东海，孕育了四明大地的千年文明，可以说是古城宁波的生命之河、历史之河与文化之河。如前所述，宁波段的运河现在保留下来的河道多开凿、修缮于宋元年间，是在利用自然江河的基础之上开凿的人工塘河，农业水利与水运交通一体开发，可谓"天工人巧，各居其半"。历经各朝各代的整治与疏浚，浙东运河宁波段从最初的军事、商业运输渠道，日益发展成了集灌溉、防洪、运输多种功能于一体的水上动脉，沿岸分布着众多由运河衍生的衙署、官仓、会馆、寺庙、驿站、聚落等历史景观，以及附着于大运河的民俗风情、民间艺术等。现如今，"一带一路"倡议的提出，赋予了浙东运河新的内涵。2013 年 5 月，浙东运河被纳入第七批全国重点文物保护单位，成为大运河项目的一部分。2014 年 6 月 22 日，第 38

届世界遗产大会宣布，大运河项目成功入选世界遗产名录，成为中国第 46 个世界遗产项目。诚然，那些保留着的桥梁、码头、船闸和沿岸的官仓、会馆、路亭，成为运河两岸人们渐行渐远的记忆，但这千年凿开的河道所乘载着的波光粼粼的运河水，继续灌溉着丰饶的宁绍平原，与两岸勤劳的人民代代相伴。（表 1-1）

表 1-1　浙东运河历史演进一览表

| 时期 | 历史阶段 | 特征 |
|---|---|---|
| 春秋战国 | 初生阶段：越王勾践修凿山阴故水道，形成的区域河网在农田灌溉和航运上发挥了作用。山阴故水道起于范蠡修建山阴大城东郭门，终于上虞东关练塘，长 20.7 千米 | 春秋时期开挖的我国现存最早的运河之一，浙东运河的前身 |
| 秦汉 | 开创阶段：东汉永和年间，会稽太守马臻主持，通过筑堤拦截会稽山北诸水，山阴故水道周边流域形成鉴湖（今绍兴境内），用于蓄水灌溉 | 古代江南最大的水利工程之一，溉田九千余顷 |
| 西晋 | 形成阶段：贺循在会稽（今绍兴）组织开挖萧绍运河，河道由绍兴西郭门向西，经钱清、柯桥至萧山西兴，即今浙东运河绍兴至杭州萧山区的一段河道，后又沟通了山阴故水道、曹娥江及通往宁波的河道 | 萧绍运河的开凿说明该平原地区已具备农业开发价值，运河由此基本成形，沿岸农业经济逐步发展起来 |
| 隋唐 | 发展阶段：各地继续治理运河及堰埭、闸坝等水利设施，开发、维护运河功能，满足漕运、通航等需求。开挖新河道并疏浚鉴湖使之成为运河的重要水源 | 运河沿线航运日益繁忙，并通过宁波出海，推动了海外贸易的发展 |

| 时期 | 历史阶段 | 特征 |
|---|---|---|
| 南宋 | 繁盛阶段：南宋定都临安（杭州），浙东运河成为交通要道，航运条件持续改善，都城所需漕粮、食盐以及其他物资均由运河输送；开凿慈江和刹子港，避免了海潮对航运的影响 | 浙东运河体系进一步完善，航运条件和繁荣程度均达到极盛 |
| 元、明、清 | 由盛转衰阶段：大运河各段出现了停运、节流现象，航线无法贯通，宁波设立漕运管理机构，实施漕粮河海联运，货物先由运河抵达宁波，再转为海运至京城。明清时期浙江各地海塘的建设和海涂的开发，运河沿线形成了湖泊密布的水系 | 浙东运河交通航运功能逐步下滑，已不如南宋时繁华，但灌溉、防洪、排涝方面的作用与地位不降反升 |
| 清末民国 | 衰退阶段：运河沿线的驿传多有撤并。据黄宗羲记叙，此时的浙东运河较大的船只不过数十石，与南宋大船以百石计已不可同日而语。清末随着轮船、陆路和铁路的出现，浙东运河的水运作用逐渐被取代 | 浙东运河日渐衰败，已经不再是运输要道 |
| 20世纪后半叶 | 再生阶段：新中国成立后，浙江省加强浙东运河整治工作，维护其通航功能，航运业有了新的发展。改革开放后，浙东运河流域经济发展迅速，一些地段呈现出铁路、公路、水路、塘路并行而进的格局 | 浙东运河集泄洪、排涝、灌溉和运输于一体，再次成为调节区域民生、物质文化交流的重要基础设施 |
| 21世纪初至今 | 复兴阶段：随着浙东运河生态价值、文化价值与经济价值的凸显，政府在原航道的基础上，又实施了浙东引水、曹娥江大闸等工程建设，浙东运河的航运标准、运载能力和生态环境均有了大幅提升。2014年，大运河列入《世界遗产名录》，标志着在保护运河遗产的同时，还肩负起挖掘浙东运河新功能、新价值，开启可持续发展的复兴责任 | 浙东运河这一有机生长的活态文化遗产，正呈现出无限的生机和活力 |

## 二、浙东运河宁波段的区域划定

前文提及，浙东运河又名杭甬运河，地处钱塘江湾南岸，南倚会稽山、四明山北麓，东西横贯宁绍平原，西起杭州市滨江区西兴镇钱塘江渡口，跨曹娥江，流经绍兴，东至宁波市镇海区甬江出海口，全长239千米。其中浙东运河宁波段西接上虞，流经余姚、江北、海曙、鄞州、北仑、镇海等地，向东汇入甬江入海。主要包括虞甬运河、姚江—甬江、慈江—刹子港—西塘河等潮汐江航道与人工避潮航道，此外还有几条重要的支线运河如十八里河、城河、内河。其中正河152千米（含遗产河道34.4千米），支线179千米，合计331千米。河道上重要节点自西向东、再向南依次有丈亭老街、祝江大桥、浪墅桥村、慈江大闸、慈城镇、夹田桥、半浦村、小西坝、大西坝、高桥村和三江口等。（图1-1）

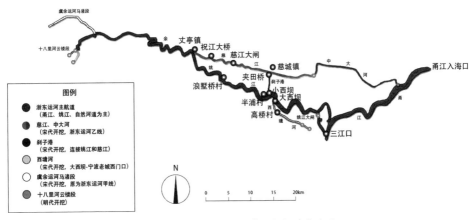

图1-1　浙东运河（宁波段）航道线路图

作为内河航道与外海连接的纽带，浙东运河宁波段除了姚江和甬江外，还包括为避免潮汐影响而人工开凿的航道。可以说，先民将自然江河与人工塘河并行结合、复线运行、因势取舍的设计构筑理念与航运方式，正是宁波地区古代航运系统的一个重要特征，体现了线路规划的科学性，生动地记录和反映了中国古代水利、潮汐、航运技术在各个历史时期的重要变化。虽然现如今宁波段运河的航运功能已减弱，但在疏浚、防汛、灌溉、生态和文化景观等方面，仍发挥着重要作用。与此同时，对运河科学史研究同样具有重要价值。[1]

# 第二节　自然背景

## 一、地形地貌

在浙江省东北部杭州湾南岸广阔的宁绍平原上，河湖交错，江流纵横，是一个水乡泽国；在平原南部的山地丘陵中，佳木葱茏，绿树掩映，又是一个天然的乐园。就在这优越的自然环境中，浙东运河犹如飘带般贯穿东西，沿途最主要的部分就是宁绍冲积平原，地势平坦，河流纵横，是典型的水乡平原地形。而运河的贯通，更使这个地区在历史的进程中，日益变得富庶和繁荣。

浙东运河流经地区北临杭州湾，南连会稽山、四明山区，所处

---

[1]　参见杨晓维《让千年运河历久弥新　宁波积极打造大运河文化带"地标"城市》，《宁波通讯》2021 年第 14 期。

地势大多南高北低，这样的地理条件决定了这里的自然河流多为南北走向。因此，东西走向的浙东运河需要穿越多条自然河流。为了保持不同区域的水位平衡，使船只顺利通过水位不同的河段，运河上修建的碶闸和堰坝设施作为重要的水利工程和通航节点，对运河航运和调节水位起到了重要的作用。

浙东运河宁波段整体位于宁绍平原。具体而言，宁波段运河西接上虞，地形较为平坦；往东进入姚江河谷，姚江河谷位于宁绍地区东部，其南北两侧夹持四明山与其余脉翠屏山，南北距离6—8千米，东西长约30千米，总面积约220平方千米，同时山脉挟平原的地形，使得浙东运河宁波段内的自然河流大多属于山区型河流；继续东行，姚江与发源于奉化区溪口镇四明山的奉化江相汇于河网密布的宁波平原，同时融汇形成甬江，向东于镇海奔入东海。可以说，蜿蜒的山脉、狭长的河谷与贴近海岸线的冲积平原共同构成了浙东运河宁波段的地形地貌特征，也为在运河沿岸形成、发展的传统村落提供了重要的生活聚居的地理环境。

## 二、水网水源

### （一）浙东运河水道特征

宁绍平原降雨充沛，河网水系密布，具有良好的水运开发条件，因而此地自古就有"以舟为车，以楫为马"之称。浙东运河由人工河段和自然河流组成连续水道，沟通宁绍平原几乎所有河湖水系，全面整合而成以运河为东西骨干水道的浙东水网，并通过一系列调节、控制工程对水资源进行调控，从而实现了对浙东水系结构和水环境的优化作用。应该说，宁绍平原特有的自然地理条件，使浙东运河工程具有显著的地域特点，浙东运河水道也由此成为具有综合水利功能的重要水道。

从整体来看，浙东运河西接钱塘江，向东横穿宁绍平原浦阳江、曹娥江，东至上虞接余姚江，至宁波与奉化江汇为甬江，再由甬江口入东海。由于运河所系河流多为山区型，源短流急，且受季风气候影响，水位洪枯变化也较大，与此同时，姚江、甬江属潮汐河段，受海潮涨落影响十分明显。因此，浙东运河水道的区域差异性较为明显。

具体来说，浙东运河自萧山至上虞通明堰全部为人工开凿。前文提及，该处自然水系大都自南向北流入杭州湾。因此，此段运河自西向东沟通各水系，水道顺直，平均比降小于0.1‰，河道断面形态相对比较均匀，且水流平缓，水位变幅不大。人工河段在上虞境内为复线，南、北线分别在上虞江口坝、余姚曹墅桥接入姚江。自此，姚江、甬江干流成为此段运河的主线，作为主要的行洪河道，水位、水量有了明显的洪枯变化，河道平均比降也升至4.71‰。该河段总体上游较陡、下游较缓，河段河形弯曲，没有固定的断面形态，河宽在20—500米不等，历史上都是感潮河段。于是，除自然河段组成的运河主线外，此段还有人工开凿的支线作为"避潮"航道。姚江在丈亭向东分出一支慈江，古称关山江、中大河，为人工开凿而成，兼具引水灌溉、水运功能，向东由刹子港又归入姚江。刹子港又称小西坝浦，北通慈江，南接姚江，过姚江为宁波西塘河，向南至高桥镇大西坝村折入宁波城，是重要的运河支线。由此，便形成了自然潮汐江航道与人工"避潮"航道复线运

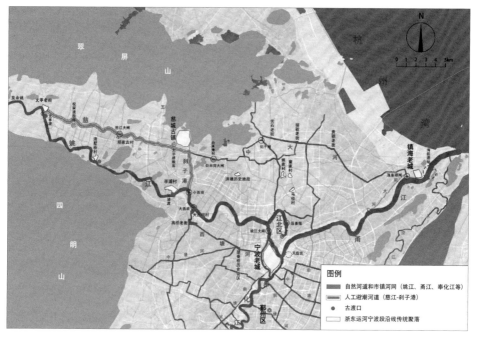

图1-2　浙东运河水道与市镇河网系统

行的双系统水道。（图1-2）可见，浙东运河充分利用自然水系与
自然径流减小运河开凿的工程量，同时用最少的工程保障运河水源
供给的因地制宜的措施，从宁波段河道可见一斑。[1]

（二）浙东运河宁波段水乡基质的形成

宁波所处区域历史上为海侵平原，因海水倒灌而"内筑湖塘
蓄淡，外筑海塘卸潮"，成为贯穿区域耕地开发与水乡聚落发展的
核心主题。简单来说，浙东运河宁波段沿岸的先民们在自然河网

---

[1] 参见李云鹏《论浙东运河的水利特性》，《中国水利》2013年第18期。

的基础上经历了历时性的改造、加工与完善：自唐代开始修筑水利工程、挖湖设堰；宋代朝廷组织对姚江、奉化江和甬江等干流治理，逐渐形成了"三江六塘河"的河网体系；平原蓄有充足淡水，耕地开始沿着六塘河两岸带状延伸，传统聚落也开始从山野一步步向平原水乡推进。总的来说，"姚江、奉化江在三江口汇入甬江，六条塘河水系分别从两侧经宁波古城护城河汇入主江，东流入海，从而形成了宁波地区的水乡基质。这种水乡基质是半浦村、大西坝村等平原村落选址与宗族社会赖以生存的环境基础。可以说，水网体系塑造了村落形态，村落的历史文化景观也都深深地打上了'水'的烙印"①。

## 三、气候条件

浙东运河流域属典型的亚热带季风气候区。气候总的特征是：季风显著，四季分明，年气温适中，光照较多，雨量丰沛，空气湿润，适合农作物生长。雨热季节变化同步，气候资源配置多样，年平均气温15℃—18℃，降水量980—2000毫米。其中，濒海岛屿地区的雨量是最多的，其次是山地丘陵，一般要比平原多三成左右。夏季受太平洋副热带高压控制，盛行东南风，多连续晴热天气，除局部雷阵雨外，还会受到台风等热带天气系统影响而出现大的降水过程。冬季受来自亚洲大陆的西伯利亚高压影响，盛行西北风，气候湿冷。

需要强调的是，一年中由于季风交替明显，常有春、秋季的低

---

① 许广通、何依、殷楠、孙亮：《发生学视角下运河古村的空间解析及保护策略——以浙东运河段半浦古村为例》，《现代城市研究》2018年第7期。

温阴雨，汛期的暴雨和洪涝，夏、秋季的干旱、台风、冰雹、大风，冬季的霜冻、寒潮等灾害性天气出现。其中最主要的灾害天气台风，主要集中在 7—9 月（过程雨量 ≥ 50 毫米或风速 ≥ 17 米 / 秒），会对建筑安全造成较大影响。

聚焦浙东运河宁波段所在区域，多年平均年降雨量在 1100—1300 毫米，南部山区降雨在 1800 毫米以上。降雨年内分布不均，主要集中在 5—6 月和 8—9 月。丰沛的水资源为水乡景观的形成创造了条件，加之先民改造自然的历史成果，共同形成了大运河宁波段沿线河网湖泊纵横密布、水体类型多样、土壤肥沃的景观风貌。众所周知，在聚落发展的过程中，水资源是极其重要的影响因素。于是，充盈的水资源对运河沿线聚落的发展、繁荣产生了深刻的影响，造就了运河沿线传统聚落与河湖水系密切结合的布局形式。

应该说，气候条件对浙东运河的影响主要体现在运河的水利工程上。浙东运河宁波段的河道由人工河道和自然河段相交相汇。相对来说，人工河道由于人为干预度较大，所以水位较为稳定，而自然河道常受到季节性降水或潮汐、台风、风暴潮等原因的影响，水位变化比较频繁，有明显的丰水期和枯水期。此外，人工塘河与自然河段的水位存在高差，于是堰、坝、闸、翻水站等水利工程的主要职能就是阻隔、沟通二者，控制好交汇处的水位衔接，灵活地根据气象要素、水文条件实现水体的蓄泄，最大程度降低自然河段水位洪枯变化对运河以及沿线聚落的不利影响。这正是千年以来先民为解决人工、自然河段之间的矛盾而延续至今的治理运河的经验之道。半浦村、大西坝村作为运河流域的重要节点，现有的坝、闸等运河工程与水利设施遗存，便是先民治河智慧的最好展现。

# 第三节　人文背景

## 一、浙东运河文化

### （一）浙东运河文化的历史变迁

纵观浙东运河流域的历史，它与水利航运、防洪灌溉、手工业生产、城邑建设、文化传播密不可分，不仅是农业发展、交通运输的大动脉，而且在其流经之地还沉淀下了深厚的文化底蕴。其历史文化的形成，离不开以下几点。

第一，北人南迁，徙居浙东。南北朝时期由于北方战乱，曾导致大规模的士人南迁，其中就包括浙东地区。他们带来了先进的生产技术，也带来了黄河流域发达的中原文化。南迁士族在政治上往往握有实权，在思想文化上也是公认的领袖。如王导、王敦兄弟长时间执掌着东晋朝廷的实权，他们的后辈如王羲之、王献之等又是当时思想文化界的领头人物。又如谢安、谢玄不仅为朝中重臣，显赫一时，其后辈谢混、谢道韫、谢灵运、谢庄、谢惠连等在文学史上也是屈指可数的大家。他们与浙东地区的士人团结起来，大大促进了浙东地方经济、文化的繁荣和发展，使之成为闻名遐迩的人文荟萃之地。

第二，唐人游历，山水行吟。南北朝之后，浙东逐渐成为一个胜于关中地区的大后方，南迁而来的名门望族如王氏、谢氏、司马氏、萧氏等均在浙东建庄营室，求田问舍，流连忘返。尤其是谢灵运山水诗的出现，更吸引人们对各种游历生活的热衷和向往。于是，唐代诗人慕名而游浙东，极一时之盛。据统计，在《全唐诗》收载的 2200 余位诗人中，有 312 位诗人走过自钱塘江经绍兴，而后经浙东运河、曹娥江至剡溪再达新昌，直至台州天台及温州的"浙东唐诗之路"，留下了许多至今尚能使人熟记不忘的动人诗篇。在唐诗之路宁波支线上，有诸如张隐《万寿寺歌词》(雪窦寺)、薛逢《夏夜宴明月湖》(鄞江)、李中《对雨寄朐山林番明府》(镇海)等诗篇留存。

第三，南宋迁都，临安漕运。北宋末年，金兵入侵，徽、钦两帝成了阶下囚，小康王赵构为躲避金兵的追击，便依浙东运河从临安经越州到明州入海。据传，赵构沿途得到了浙东老百姓的救助，留下了许多史迹和传说。当时的临安、越州和明州，也是中日商船的出入之地，显然浙东运河起着重要的作用。正因为有了浙东运河，浙东地区的文化得以流入中原，而海外文化也由此输入中国。可见，浙东运河是中原文化与浙东地区文化交融、汇合的渠道，也是中外文化交流的渠道，而其中的宁波段起到了至关重要的作用。[①]

（二）浙东运河宁波段的文化价值

1. 海上丝绸之路的重要节点

四明先民以姚江、甬江等自然河道为基础，通过对江南水网的开发利用，逐步形成了横贯东西、交汇三江、奔流入海的浙东运河

---

① 参见吕洪年《积淀深厚的浙东运河文化》,《今日浙江》2005 年第 23 期。

宁波段。于是，宁波"东出大海，西连江淮，转运南北，港通天下"，为大运河提供了河海联运、接轨内外贸易的黄金水道与优良港埠，是大运河连接世界大通道的南端国门和"海上丝绸之路"的启航地之一。（图1-3）唐、宋、元三代宁波在与东亚、南亚诸国进行对外贸易的同时，也促进了文化的交流。

图1-3　宁波三江口——中国大运河的终点和海上丝绸之路的起点之一

自唐宋以来，宁波便成为中国内陆南北货物运输以及海外来使与贸易商团来往中国的主要登陆口岸。所谓"海外杂国，贾船交至"，描绘的就是由宁波起航至日本、高丽、东南亚、印度等地的商贸通道。丝绸、茶叶、越窑青瓷、书画、药材等商品先通过大运河运输到宁波，再由三江口转驳至海船后远销日韩、东南亚等地。元末社会动荡时期，南北漕运受阻，宁波又成为当时南方漕粮北运的重要转输港。可以说，从元代开始，河海联运已成为漕粮北运的一个重要特征，有效弥补了大运河间歇性断航带来的不便。河海联运进一步促成了宁波航运业、制船业等附属产业的核心优势，即"河海组合、转运南北"。与此同时，大运河还促进了中华文明的海外传播。鉴真大师东渡日本期间，曾多次在宁波居留、传道；学问僧最澄、空海等作为遣唐使经宁波港进出，将佛教天台宗传至日本和韩国，开创了影响至今的日莲宗和曹洞宗。

到明清时期，浙东学术掀起了中国儒学的一个高潮。从王阳明创立的阳明心学，传承至黄宗羲创立的浙东学派，不仅在国内占据显要地位，在国外尤其是东亚国家同样具有巨大的影响。此外，由于宁波地处海滨而田少人稠，先民有外出经商的传统，同时又受到浙东学派"工商皆本"的启蒙思想影响，出现了一批实业家，逐渐形成了宁波商帮。于是，藏书文化、慈孝文化、商贸文化等浙东文化也随着运河的畅通享誉海内外。

值得关注的是，大运河也促进了手工业及文化艺术的高度发展。宁波拥有众多的中华老字号和传统手工技艺；宁波港与航运漕帮是促进闽粤妈祖信仰向运河沿线及北方（以天津为代表）传播演变的重要载体；宁波还是江浙两地运河城镇地方戏曲、曲艺的产生和传播地之一，涌现出了甬剧、越剧、姚剧、四明南词、宁波走书等戏曲、曲艺艺术，流传至今。

2. 运河传统聚落的典型案例

宁波古城的建设与运河水系紧密结合、一体发展。余姚、慈溪、鄞县、镇海四大古县城，分别从秦汉至五代完成立县，沿浙东运河宁波段一字排开，其建城选址、布局、功能定位等几乎与运河的形成及其功能的发挥完全恰合：镇海城是自东海进入浙东运河主航道的第一个县城，因此被称为"两浙门户""郡之咽喉"。在镇海建关设卫是当时军事形势的需要，也因为镇海是大运河的入海口，又占据对外贸易重要口岸这一特殊的地理位置；古代鄞县（宁波府城）的设置是为建立河海转运的核心港埠系统，到达宁波的内河航船，一般从三江口换乘海船经甬江出海，而东来的海船则在此改乘内河船，经浙东运河至杭州，与大运河对接；慈溪县城（今慈城）是江南地区唯一保存完好、具有严格规制的古县城，也是一座见证运河兴衰的城镇，扼守并承担了姚江河谷平原东段前、后江（即姚江、慈江）的航运与管理；余姚县城是姚江西段和曹娥江东岸的航运水利副中心，是沟通绍兴、宁波的重要节点，扼守着运河的咽喉。在约100千米的运河主航道上设置这样密集的形态、结构、职能各具特色且发育完备的四个古代县级行政机构，以及大大小小、散布在运河沿线的集市、村落，保证了宁波港及浙东运河宁波段各段航道的功能管理需求。同时，宁波府城内外的城河系统通过西塘河与运河相连，可起到蓄水、交通、抗洪、排涝、避咸等多种作用，这对宁波先民的生产生活有着重要的不可估量的影响①。总的来说，宁波段运河沿线促生了诸多聚落文化遗产，现如今除了以上提到的与表中所列的名录之外（表1-2），实际上还有许多大大小小的传统村落散落在运河两岸。

---

① 参见杨晓维《大运河（宁波段）文化遗存保护利用和价值传承研究》，《中国港口》2018年增刊第1期。

表 1-2　宁波运河聚落遗产 [①]

| 聚落类型 | 名称 | 概况 |
|---|---|---|
| 运河古城 | 宁波古城 | 浙东运河核心城市之一，重要交通枢纽；唐宋以来重要的港口城市；运河文化、浙东文化和海丝文化的渊薮之地；保存有众多风貌较好的历史街区和文物建筑 |
| | 余姚县城 | 浙东运河门户之一，绍兴、宁波之间沿运河的重要节点城市。运河历史街区规模整齐，水乡风貌价值突出，历史人文氛围浓厚 |
| | 慈城县城 | 原慈溪县县城，是慈江上的中心城镇，扼守姚江、慈江和刹子港的交通重镇，绍兴方向至宁波的必经之地。慈城是江南地区唯一保存完好、具有严格规制的古县城，传统风貌较好，留存众多的历史文化遗产 |
| | 镇海县城 | 海防重镇，留存大量海防、渡口、码头等海防、航运遗迹 |
| 运河古镇 | 丈亭镇 | 运河演变的历史见证，旧时为会稽、明州两府水陆通道上的重镇。街巷格局完整，体现运河城镇风貌。沿河有众多埠头和水工设施，是重要运口 |
| | 陆埠镇 | 在余姚城区东南 16 公里，北濒姚江与丈亭镇相望，运河旁经济重镇 |
| | 马渚镇 | 马渚镇位于马渚中河两岸，紧邻运河，旧时两岸商贾云集，河上船舶穿梭往来频繁，岸边停靠做生意者不计其数，较为繁庶 |

---

① 张延、周海军：《大运河宁波段聚落文化遗产保护措施研究》，《中国文物科学研究》2014 年第 3 期。

| 聚落类型 | 名称 | 概况 |
|---|---|---|
| 运河村落（集市） | 半浦村 | 运河交通要冲，典型的渡口村落。古村依托运河发展，历史风貌突出、历史人物众多，运河对半浦村的发展有着积极影响 |
| | 大西坝村 | 大西坝村，以大西坝命名，相传大西坝百姓世代以坝为业，大西坝村整体成船形，村内许多设施的建造也都与"船"有关，现村内存有大量的传统建筑，风貌保存较好 |
| | 高桥村 | 东依宁波市城区，南眺栎社国际机场，西濒河姆渡文化遗址，北枕黄金水道姚江。土地肥沃，水网密布，是宁波重要的蔺草、蔬菜基地，享有"中国蔺草之乡"之美誉，留存有风貌较好的传统建筑群 |
| | 贵驷老街 | 贵驷老街位于中大河下游段的北岸贵驷镇上，老街是昔日贵驷镇主要政治、文化、商业中心，沿中大河北岸河埠较多，商点分布密集，商贸十分繁华 |
| | 骆驼老街 | 骆驼老街始建于北宋建隆元年（960），由于地处水陆交通要道，集市贸易逐渐发展，遂成为镇北、慈东之中心集镇 |
| | 长石老街 | 中大河沿岸街区，现尚留存大量的历史建筑，沿河部分建筑尚保存有店铺形式 |

### 3. 运河水利工程的营造智慧

浙东运河文化遗存丰富，类型多样。其中，"浙东运河上虞—余姚段""浙东运河宁波段"和"宁波三江口（含庆安会馆）"三个遗产区列入世界文化遗产名录。除此之外，浙东运河宁波段沿线文化遗存中，水利工程遗产共计107处（不包含河道与水源）。其中，马渚横河水利航运设施（西横河闸和升船机、斗门新闸和升船机、斗门爱国增产水闸），姚江水利航运设施及相关遗产群（陆埠大浦口闸、丈亭运口及老街、姚江大闸）等7处被列入浙江省文物保护单位。可以说，水利工程是大运河文化遗产的核心构成，也是遗产价值的主要载体。（表1-3）追溯历史，唐宋时期是宁波农业水利和水运交通工程建设的重要时期，当时的农业水利与内河水运共兴同举，在兴修水利的同时，平原各乡河道也得到整治。鄞西的它山堰、南塘河、西塘河，鄞东的后塘河、中塘河、前塘河，江北的颜公渠、慈江、中大河，宁波城市中心的月湖与城河系统等，形成了灌溉蓄泄、通航水运一体发展的河网格局。这种江河水网格局典型地体现为：每一条自然江河（姚江、奉化江、甬江）都有一条或多条、一段或多段人工塘河与之相配，从而巧妙地解决了潮汐、水位对航运的影响问题。浙东运河宁波段自然江河与人工塘河并行结合、复线运行，可以说是根据宁波港和浙东运河宁波段"江、河、海"交汇的自然条件而采取的独特的人工技术。

表1-3　浙东运河宁波段水利工程遗产简表 [1]

| 航运工程设施12座 | 船闸3座 | 马渚横河水利航运设施：西横河闸和升船机、斗门升船机闸和升船机、斗门老闸 | |
| | | 云楼下坝及余上团结闸、大浦口闸 | |
| | 古桥梁2座 | 代表性古桥2座 | 通济桥、高桥 |
| | | 其他古桥梁 | 西塘河桥群、灵桥、祝家渡桥、黄杨桥、吴社桥等 |

---

[1] 参见杨晓维《让千年运河历久弥新 宁波积极打造大运河文化带"地标"城市》，《宁波通讯》2021年第14期。

（续表）

| 航运工程设施12座 | 码头3个 | | 镇海渡、半浦渡口、鱼浦门与和义门码头遗址 |
| | 纤道1条 | | 牟山湖纤道：3—4公里长土质纤道 |
| | 古代运河设施和管理机构遗存3座 | 仓库1个 | 永丰库遗址：宋、元、明时期的大型衙署仓储机构遗址，布局相对完整 |
| | | 航运管理机构1个 | 庆安会馆及安澜会馆：是漕粮及南北贸易河海联运的主要管理和服务设施，航运信仰的主要聚集地之一 |
| | | 水利管理设施1个 | 水则碑亭遗址：运河水利管理设施，水位测量技术达到相当先进的水平 |
| 水利工程设施8座 | 闸4座 | | 化子闸（又名关潮闸）遗址、涨鉴碶闸旧址、姚江大闸、慈江大闸 |
| | 坝2座 | | 大西坝旧址、小西坝旧址 |
| | 堰1座 | | 压赛堰遗址：姚江与塘河间重要水工设施 |
| | 堤防1座 | | 镇海后海塘：夹层石塘和"城塘合一"的建筑工艺技术，为浙江省沿海所罕见 |

如前所述，人工河段与自然河流平交处，为使运河的水位、水量、水流不受相关的山区型河流在海潮上溯影响下剧烈、频繁的水位变化影响，保持相对稳定的水运条件，需要修建控制工程（碶闸、堰坝设施等），使船只能够顺利通过水位不同的河段。以堰坝为主的控制工程在历史上长期运用是浙东运河的鲜明特点，从中能够体会到先人一脉相承的水利智慧。浙东运河宁波段上的控制工程主要分布在人工运河与自然河流平交处。其中，横截人工运河的位

置由水文特性所决定。此外，由于浙东地区特有的水利环境，使水利设施的功能划分具有典型的区域特性，即在历史上浙东运河是以堰坝作为主要通航工程，而闸一般不通船，仅以启闭控制水量交换。"《余姚县志（光绪）》中明确称：'坝以过船，闸以蓄水。'《鄞县通志（民国）》中系统总结和辨析了浙江沿海平原常用的塘、堰、坝、闸工程的功能，称：'长者为塘，短则为堰，所以截流御卤也。然堰亦有百余丈者，前志久以堰名，今则仍之坝，亦堰之类也。凡内渠与外港相邻者，车拨行舟，二者所同。碶者，闭以蓄淡、启以泄暴也，闸亦如之。'明确指出堰、坝位于'内渠与外港相邻'处，用来'车拨行舟'，而碶（闸的一种）、闸则专司蓄泄。"①

究其原因，浙东运河上的控制工程一般两侧水位差较大。就通船而言，以闸、坝相较，拖船过堰虽费时费力，但相对安全，而开闸通船则受动水冲击的影响，对于正常通航则多有不便。总体而言，在当时历史阶段有限的工程技术水平下，利用堰坝来控制运河水位稳定、作为通航工程，其结构和运行管理的可靠性都要优于需要启闭操作的水闸。明代之后，基于运河控制节点同时满足船只通航和水量蓄泄的双重功能需要，出现了闸坝并联布置的节制工程形式。（图1-4）即横截运河的控制工程一段为闸，用以通水，控制河道的蓄泄功能；一段为坝，用以隔水通舟，是主要的通航工程。这种闸坝结合的工程形式实际上是闸、坝两种不同功能的工程逐渐整合的产物，极具宁波地域特色，至今依然在宁波地区普遍留存，

① 李云鹏：《论浙东运河的水利特性》，《中国水利》2013年第18期。

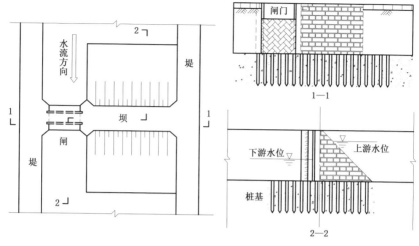

图 1-4  闸坝结合的工程结构复原图示

如大江口坝、李碶坝等。①

此外，为保证大运河的安全运行，古代曾动用了大量的军事力量，沿浙东运河宁波段修建了比较完整的国防（海防）军事体系。然而，现存的与运河体系直接相关的军事遗存不多，镇海口的海防军事遗存可谓是这一类型文化遗产的重要代表。招宝山威远城、甬江口两岸炮台群、城塘合一的后海塘等，充分展示了这一体系的真实性、科学性和完整性，是反映与研究大运河文化遗产的重要载体之一。②总而言之，特有的自然条件和工程特点，使浙东运河具有不同于大运河其他河段的水利特性，具有典型的区域特色。深入了解

① 参见李云鹏、杨晓维、王力《浙东运河闸坝控制工程及其技术特征研究》，《中国水利水电科学研究院学报》2020 年第 4 期。
② 参见杨晓维《大运河（宁波段）文化遗存保护利用和价值传承研究》，《中国港口》2018 年增刊第 1 期。

浙东运河水利特性，对认知运河的科学和文化价值具有重要意义。

## 二、社会经济与生活方式

宁波先民的社会生活可视为从认识自然、适应自然，进而利用自然、改造自然，以实现与自然和谐共处的时空活动过程。

汉晋以前，宁波中心地带受海侵影响还是一片草甸茂密的海涂湿地，汉末至南北朝时期，由于社会动荡，为了躲避战火、灾荒等社会或自然因素，很多北方的宗族向南迁移至浙东，其中就包括宁波。自此，宁波平原逐渐为陆续而来的移民所开发。随着先民的人口繁衍与生活生产的需要，水域治理陆续展开，以自然江河为基底，开凿运河、沟通水系以适应航运的需要，同时作为农业用水以灌溉农田，作为生活用水以满足沿岸人们的日常生活需求。人工的治理加之浙东地区季风性湿润气候的优越自然条件，由此便形成了融入百姓生活的纵横密布的河网湖泊体系。一方水土养一方人，水系的走势深刻影响了当地居民的生产生活，为传统运河村落空间形态的形成提供了自然基底，并在此基础上形成了浙东运河宁波段风光秀丽的江南水乡的生活形态。

### （一）水系与运河村落布局

运河村落在当地居民与自然环境的长期磨合中，形成了地方性的空间品质、生活模式和文化景观。这些古村类型丰富、形态各异，但都呈现出以水为依托、以街巷为脉络的村落空间形态。纵横交织的河道水网成为古村空间发展的结构骨架，同时也是与外界联系的重要纽带，决定了古村内部及古村和周围村落间的关系。街巷则是依附于自然河道而不断生长和完善的人工环境体系，联结着被河道水网分隔开的生活生产空间。可以说，"河道与街巷相互依存，相辅相成，成为地方性生活方式在空间上的历时性积累，并且又通过这种固化的空间形态潜移默化地影响和规范着居民的日常行为和生活习惯，从而呈现空间与社会之间持续调适和双向互动的自组织特征"[1]。

由此可见，浙东运河宁波段的水资源为沿岸居民提供了饮用、洗涤、灌溉、运输、防洪、环境美化等实际的功用，在各个方面都为村落格局的形成和发展提供了必要的条件。经过上千年的发展，适应于当地的地理环境与气候条件的宁波运河村落，形成了自己的特点，具体展现在以下几个方面。

其一，交通方面。浙东运河宁波段沿线地势平坦，横贯东西的运河河道以及交错相织的河网提供了优越的水运条件，在古时陆路交通不发达的情况下是出行的最佳选择。于是，沿水系一带易因交通要素而形成良好的聚居条件。村落比较常见的空间格局为依水而建、紧临水道，并沿水道走向展开布局。人们可以借助于得天独厚的舟行之利开展运输商贸与文化交流等活动，从而进一步促成临河街巷的人流聚集，商贾往来，逐渐形成商业街市，成为平原水乡传统村落布局的特色之一。

其二，生产生活方面。水是生命之源，因此运河水系深刻影响着先民的生产生活。选址拓荒时，依水而居往往能形成天然屏障，

---

[1] 陈泳、倪丽鸿、戴晓玲、李立：《基于空间句法的江南古镇步行空间结构解析——以同里为例》，《建筑师》2013 年第 2 期。

抵御外敌入侵，保障村落的安全和可持续发展。与此同时，运河中下游河道两岸的冲积平原所形成的肥沃土壤，是上佳的农耕用地。来自东部沿海暖湿的东南风带来丰沛的降水，加之先民长期以来的治水工程，形成了运河沿岸朴素又实用的水利设施条件、农垦灌溉条件，为人们生产粮食、种植农副产品提供了优越的自然与人工支撑，也塑造了运河村落基本的生产生活模式。

总而言之，依水而建成为运河沿线传统村落布局的主要形式，结合当地的实际情况和村落发展的需要，普遍形成了"一侧临水型""绕村环转型""穿村而过型"等具体的布局方式。当然，有一些村落布局同时具备了多种形式，而且随着村落的演变也并非一成不变。以半浦村为例，随着村子的空间拓展，原本一侧临江的老村向内陆扩展建立新村，与内河形成了新的空间关系，整个村落也由此呈现出多种布局形式。（表1-4）

表1-4　运河村落布局示例

| 类型图示 | 案例及其图底关系 |
|---|---|
| | |
| 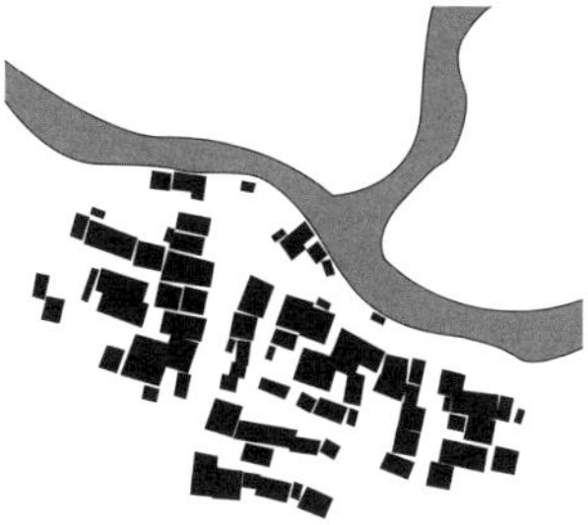 一侧临水型 |  大西坝村 |

（续表）

| 类型图示 | 案例及其图底关系 |
|---|---|
| 绕村环转型 | 半浦村（西区） |
| 穿村而过型 | 浪墅桥村 |

## （二）运河村落的形成过程

通常情况下，传统村落类型按照村落的功能特征可以简单分为防御型、农耕型、商业型，按社会特征可分为避世型、定居型、迁徙型和开发型。由前可知，浙东运河宁波段传统村落因水系交织、两岸平原开阔、商运发达，于是形成商业型、定居型和开发型的村落较多。可以说，宁波地区运河村落的形成演变除了依赖基础性的自然地理条件外，与社会经济和生活方式也有着密切的关系。因此可以顺着农业文明时代的自然经济贸易演进历程与家族繁衍以及士

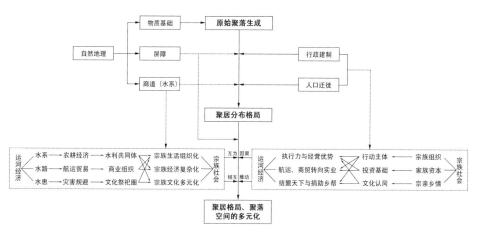

图 1-5 浙东运河宁波段传统村落生成演变动因

人衣锦归乡这条线索展开分析。简单而言，宁波的运河村落在生产交易的自然经济基础上逐渐形成，在宗族生活中得以培育成长，在运河经济与宗族社会的相互推动下盛兴繁荣，繁荣的情形延续到民国初年，到民国后期逐渐衰落。（图 1-5）

针对宁波地区运河村落的地域性特征，展开来说有以下几点：

第一，集市贸易的萌发。宁绍平原地势低平、河网密布。除了排灌有利，利于农业精耕细作外，更有着天赐的舟船之利。于是，宁波先民在早期的农产品流通中，为了获取更多的利润，通过车载船运的方式把货物运往外地，由此在古道和水道的线路上，串连起一个个节点集市。农产品流通带来的红利，又刺激了原始的纺织、制陶、种植、采摘等营生，带动了经济贸易的迅速开展，从而形成更大的航运规模，将串联的集市街巷进一步发展为村庄。因此，宁波的运河村落，大多都有着作为农副产品集散地的历史，有着贸易集市的特点。

第二，物资转运的交通要道。地处交通要道上的村落，在商品贸易中有着得天独厚的优势。因而在江河湖水岸边上的村落、在平原道路衔接交叉处的村落都可能因人流、物流集中而繁荣，较为典型的例子就是半浦村。半浦村地处浙东运河宁波段的重要节点，相传先秦时就设有半浦渡口，因其良好的地理位置、自然环境以及航运条件，在渡口边逐渐聚集了人口，形成了一定规模的聚落。南宋时期建都临安，浙东运河成为当时重要的航运河道，半浦是百里姚江的渡口之一，即宋《宝庆四明志》上记载的"鹳浦渡"。半浦处于姚江转航慈江、姚江转航西塘河的重要位置。旧时商贾文人在此集散往来，演绎了无数繁华场景，于是，特殊的地理位置形成了村庄的文化特色，商贾文化随之兴盛。[1]

第三，经商者造房置业。宁波有着源远流长的经商传统，最早可追溯至先秦时期。如前所述，唐宋时，宁波"商舶往来，物货丰衍"；至清初，则成"百货咸备，商号林立"的繁荣景象。鸦片战争后，广州、福州、厦门、宁波、上海"五口通商"，宁波的商业曾一度兴旺。至19世纪60年代，宁波的钱庄、南北货号、鱼行遍布于市，世人称"走遍天下，不如宁波江厦"。宁波帮形成于明朝，崛起于五口通商后的上海，至辛亥革命后达到鼎盛。1916年孙中山先生曾对宁波帮企业家做过高度评价："凡吾国各埠，莫不有甬人事业，即欧洲各国，亦多甬商足迹，其能力与影响之大，固可首屈一指者也。"[2]五口通商后，大批宁波人麇集上海，逐渐结成了上

---

[1]　参见《宁波市慈城镇半浦村志》2021年版，第22页。

[2]　《孙中山先生在宁波各界欢迎会上之演说词》，《民国日报》1916年8月25日。

海最大的商帮，对上海的金融、商业、航运、工业等各业起着举足轻重的作用。当时在上海创业发达的宁波商人，有许多都将宅第建在宁波老家。同时，为了凝聚家族人心，过去许多甬商在家乡村落中建造了族人共享的祠堂，供奉了信仰神灵，开办了子弟读书的学堂。这些遗留下来的建筑，构成了如今古村落的物质外壳，也成为村落景观随着时代更迭与变迁的见证。[①]

# 第四节　小　结

　　浙东运河地处河网密布、物产丰饶的宁绍平原，是中国大运河南端的重要节点。作为"海上丝绸之路"的交汇点，其有文字记载的历史最早可追溯至春秋时期，经过历朝历代的开凿和整治，至南宋时期进入发展的黄金阶段，航运条件和繁荣程度均达到鼎盛，而后由盛转衰，至近代逐渐衰败。新中国成立后，政府重视治理运河，使得航运业重新得到发展。随着运河整治工程的推进，承载着古老文明的浙东运河在21世纪迎来复兴，作为宝贵的世界文化遗产呈现出无限的生机和活力。浙东运河宁波段作为自然江河与人工塘河并行结合的水道，沟通浙东平原几乎所有的河湖水系，是古人治河理水智慧的集中体现，沿线遗存下来的各式水利控制工程和航运节点，有效规避了潮汐等自然条件对河道通航能力的影响，在航运和调节水位方面起到了重要作用，见证了宁波段运河古代航运系统的重要地位。

　　浙东运河宁波段流经地区丰富的水源、水网和优越的自然条

---

① 参见程旭兰、孙玉光《宁波古村落形成因素探讨》，《宁波大学学报（人文科学版）》2011年第6期。

件，造就了沿岸水乡的自然、人文基底，为传统村落的形成和发展创造了条件，也深刻影响了村落的空间形态和历史文化景观，造就了传统村落与运河水系紧密结合的布局形式以及人们因水而生、因水而兴、择水而憩、依水而居的生产生活方式。

从古至今，浙东运河宁波段沉淀下了深厚的文化底蕴，汉末至南北朝时期北方士族的南迁，大大促进了浙东地区的经济文化繁荣；浙东唐诗之路的兴起在宁波段一线留下了众多脍炙人口的诗篇；南宋定都临安，让浙东运河成为盛极一时的黄金水道。藏书文化、慈孝文化、商贸文化等浙东文化更是历久弥新，随着古老的运河享誉海内外，为人们世代传颂。那些散布在运河沿线大大小小的村落和城镇，作为运河兴衰的见证者和亲历者，守望着千年以来的运河文脉，在新时代提振文化自信的大背景下更是散发出熠熠光辉，成为浙东地区文化挖掘与发展的重要载体，寻本溯源研究城市聚落历史演进的重要依据，成为在宁波地区繁衍生息的人们休戚与共的精神纽带，推动着宁波文明的前行。

因此，对浙东运河宁波段的历史沿革、地理环境、文化背景、经济与生活方式的总体把握，有助于理解浙东运河宁波段传统村落形成的整体背景。至于这些传统村落是如何与运河文化一脉相连的，它们在宁波段一线的历史长河中扮演着怎样的角色，运河文化又如何作用于村域文化并对其渗透、交融，从而体现在村落的公共空间中，本书将在后续章节中以运河节点的代表性村落大西坝村和半浦村为研究案例，进行详细的探讨。

大西坝河

研究案例的选取结合国家住建部、文化部、财政部、文物局等职能部门公布的《中国传统村落名录》《历史文化名村名录》，浙江省住建厅、文物局公布的《浙江省历史文化名村名录》，以及《宁波市历史文化名村名录》；再辅以预调研期间的实地踏勘和访谈信息，筛选出具备浙东运河文化特质的传统村落。最终选定了2016年列入《浙江省历史文化名村名录》的大西坝村与半浦村。其中，半浦村在2005年已列入《宁波市历史文化名村名录》。

公共空间具有物质与精神的双重属性，既包括空间的物态表现，也包含其形式所表达的意义与场所精神。公共空间的物质形态是空间的外在表现，是人与自然、人与人之间相互作用的过程中逐渐建立的一种实体性的空间序列，涉及宏观层面的整体形态、中观层面的街巷形态以及微观层面的空间构成要素及其外现。依附于物态之上的意态要素包括地域文化、传统民俗、日常生活、乡土记忆等，是公共空间不可分割的一部分，并通过丰富多彩的公共活动呈现出来。因此，物质形态与意态要素以及两者的互动关系，均是公

共空间考察与研究的重要内容。<sup>①</sup>

前文提及，本书对于大西坝村和半浦村公共空间的调查研究均建立在田野考察与文献梳理的基础上，借鉴形态类型学与空间句法的理论和方法，对两个案例进行"分类描述""定量分析""整体归纳"的综合研究，可以说是一种客观、翔实的调研、记录与解析。由本章开始至第五章，将围绕着案例公共空间的物质与意态两方面，从自然条件、整体形态、公共空间形态三个基本层面，进一步细分出地理环境、历史渊源、村落形态、平面布局、建筑、街巷、水系、节点、界面、组织方式、尺度等具体内容，从而实现对案例从整体到局部、由外而内、自下而上的全面、系统的剖析。需要指出的是，两个案例的调研与分析内容以及行文结构不尽相同，主要是因为研究的方向和目标方面各自有所侧重。

## 第一节　地理环境和历史渊源

### 一、地理环境

大西坝村坐落于浙江省宁波市海曙区高桥镇，地处宁西平原，位于东经 121° 46′，北纬 29° 93′。作为高桥镇下辖的自然村，大西坝村在高桥镇人民政府驻地西侧 3.3 千米，距海曙区人民政府驻地 11.8 千米。大西坝村东临余姚江，村南是塘东村，西与齐家村相邻，北边为石路头村。

---

① 参见韦浥春《广西少数民族传统村落公共空间形态研究》，中国建筑工业出版社 2020 年版，第 45—46 页。

整体而言，大西坝村地处两面山脉环绕的水乡平原，西有青木山、屏风山、烟冲山与余姚大隐镇相邻，北有赭山与慈城镇相接，村落整体呈东北—西南走向。可以说，大西坝村依水而生，以坝兴村、以坝名村，村域面积约 8.94 公顷，现有住户 308 户[①]。大西坝路穿村而过，距轻轨一号线西起点高桥西站步行约 2 千米。村落倚靠大西坝河（向南联通西塘河），河流与姚江联通处的大西坝，是调节姚江和大西坝河水位落差的重要水利设施，也是船舶进出姚江的必经之路。内河水路往东由西塘河可直达宁波市区，往南到集士港、古林、横街、鄞江，往西到集士港镇的深溪山村，直抵四明山麓。（图 2-1）

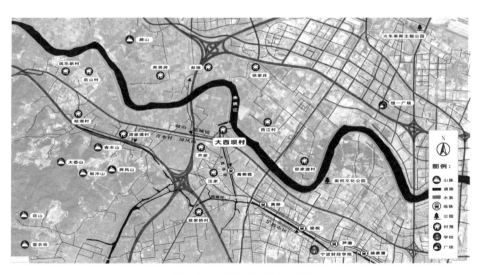

图 2-1　大西坝村周边环境图

---

① 参见《高桥镇高桥村村志》2021 年版，第 9 页。

## 二、历史渊源

如前所述，大西坝村作为沟通西塘河和姚江的咽喉，堪称"浙东运河上的甬城门户"，自古就是明州连接浙东运河——余姚江至杭州的航道要津。据《鄞县通志》载："西渡堰，县西北高桥乡大西坝，阻咸蓄淡，兼通舟楫。宋宝祐元年（1253），沿海制置使吴潜建。岁次涂涨，明正统间，知府郑珞移浦口。"[①] 1253年，吴潜在大西坝河处建造坝头，坝高大坚固，故称大西坝。大西坝处于运河的节点位置，是运河遗产的重要组成，与运河具有伴生性。随运河的兴起而逐渐生成并发展起来的大西坝村，为过往船只提供休憩、补给以及货物储存和转运等功能。[②] 可以说，昔日往来明州的官员、学子、商贾、军旅、僧道大都走此水道，这也就带动了大西坝村的发展与繁荣。

具体而言，据史料记载，大西坝在宋代时称西渡，元朝延祐年间曾称西江渡，至正年间称西渡关，后又称西渡，也别称西津。北宋初期运河形成以后，"故海商舶船怖于上潭，惟泛余姚小江，易舟而浮运河，达于杭、越矣"（燕肃《海潮论》）。由于姚江下游乘潮行船多风险，所以一般都是通过内河过西渡（大西坝），入余姚小江（慈江）至丈亭，再候潮往姚江上游过余姚进入上虞境内，顺水路可进一步抵达杭州。众所周知，内河与随潮涨落的姚江存在水位差，内河船只入姚江必须过坝，而西渡的过坝设施则很好地解决了这一问题。由此可见，大西坝在浙东运河历史上作为节点的重要性。与此同时，姚江南岸河网水源来自四明山、大隐山脉，为农业

---

① 转引自鲍贤昌、陆良华编著《四明风韵》，宁波出版社2015年版，第337页。
② 参见《高桥镇高桥村村志》2021年版，第278页。

灌溉提供了必要的淡水，成为先民聚居以及村落形成与发展的基础。于是，随着大西坝通航的繁盛，周围逐渐有人定居并进一步发展成为村落。村落三大姓氏"周""金""楼"，历史上以周姓为大，居住范围也最广，金姓则最少。目前，村落楼姓族人居住为多。

## 第二节　整体形态

公共空间形态强调在一定的地域空间范围内，各要素的综合作用和总体的空间感受，因此必须以整体与解构相结合的方法和视角来描述传统村落的公共空间形态。作为整体框架与基础的村落形态，在以往的研究中，学者们根据不同的视角与目标，发展出诸多的村落形态类型。如以疏密程度分有集聚型、松散团聚型、散居型，将疏密与轮廓形态综合考察，可分为点状（散村）、线带状（街村、路村）、环状（环村）及团块状（群组型村、团村或集村）等。[①] 然而随着村落的发展，其空间形态日趋复杂化，在一些规模较大的村落中，就会呈现出多种类型拼贴、叠加的复杂形态特征，因此需要因地制宜地做出分析。

### 一、村落形态

结合前文，大西坝村最初发祥于连接姚江与大西坝河的大西坝渡，后沿着大西坝河发展。随着摆渡过往之客日益增多，集市贸易

---

① 参见韦浥春《广西少数民族传统村落公共空间形态研究》，中国建筑工业出版社 2020 年版，第 54 页。

（a）村落全貌　　　　　　　　　　　　（b）航拍图

图 2-2　大西坝村村落整体形态

日渐繁荣，聚落开始由临河街道向南生长，待空间基本饱和后，村落整体形成了较稳定的水系环村的"船"形状态。（图 2-2）

## 二、平面布局

从大西坝村的整体形态与平面布局可以看出（图 2-3）：村落三面环水，大西坝河自西南向东北顺势经过村庄的西面，河流整体呈现"T"形环抱着全村；建筑整体布局疏散分明，位于中央的传统民居建筑群显示出很强的内聚性；街巷空间在"一街五弄"的结构上曲折多变，带来了层次丰富的视觉体验。应该说，大西坝村的整体布局，充分体现了"因地制宜""顺应自然"的传统建造思想：沿河流修建桥梁、道路，在最平坦的区域开垦农田，次平坦区域营造房屋，地势起伏大的区域种植树木，从而形成有机适应的村落布局。

图 2-3　大西坝村平面布局图示

　　综上，"传统村落是自然生成的结果，在漫长的历史岁月中通过'缝缝补补'以'渐进主义'的方式成长起来，整体形态是自由的"[①]，但其内部隐含着较强的空间逻辑性。可以说，村落整体形态与其中的公共空间形态是相辅相成的。大西坝村中最突出的公共空间——临河长街，即为其骨骼，村落空间依附着长街的线性走势"梳"状拓展。

<hr />

① 　丁旭、丁骋文：《浙中传统村落空间形态肌理及其内在规律初探——金华曹宅古村落实证研究（二）》,《建筑与文化》2021 年第 5 期。

# 第三节　公共空间形态

对于公共空间而言，在平面构图和空间形态中，点、线、面被视作必不可少的基本形式要素。简单来说，点状空间一般是村落中的小尺度空间，以少量的小型空间元素组合而成，多为少量人群提供较为静态的交往活动，其具体形式主要有建筑、古树、井台等。点状空间往往具有一定的标识性与领域感，也可转译为凯文·林奇所说的"意象五要素"中的"节点"；线状空间是村落整体空间系统的骨架，串联起点状空间与面状空间，从而形成完整的村落空间结构与活动路径，线状空间主要有街巷与水系；面状空间往往是公共空间体系中的核心，在平面的长宽比例上类似街巷的节点空间，只是规模和尺度更大，有较为明确的公共交往、活动功能。其实，面状空间在传统村落中分布较少，一般集中在村落入口处，有些小规模的村落可能都没有面状空间。此时，往往把面状空间与街巷的节点空间相提并论。

基于上述理解，本节将大西坝村的公共空间形态划分为基本的点状、线状和面状进行考察。大西坝村的公共空间主要由典型的浙东民居建筑与纵横交错的街巷构成，建筑院落和街巷空间互为图底形成拼合关系。因此，笔者根据实情，从村落的建筑空间、街巷空间两大层面来研究大西坝村的公共空间形态。其中，街巷空间作为研究重点，笔者又将其细分为交通空间、水系空间和节点空间，并在分析中融入必要的界面、尺度以及空间组织等内容。

# 一、建筑空间形态

大西坝村作为浙东运河村落的代表，其建筑空间形态可归纳为传统民居、公共建筑和水利设施三大类。

## （一）传统民居空间形态

大西坝村所在的宁西平原为水乡平原，自然条件好、适宜耕作。作为农业文明时期的典型代表，传统民居遗存在村落中集中分布且数量不少。便利的运河交通和优越的地理位置及中华传统文化的渗透，深刻影响了当地民居建筑的形制与布局。整体而言，大西坝村传统民居的空间形态具有以下特点：

其一，为使尽可能多的民居建筑临水临街，便于生活生产和对外沟通，村落整体布局基本沿大西坝河纵向扩展，使民居建筑群与河道垂直交汇。建筑间隙自然形成的街巷空间，可有效串联各个民居群，形成四通八达的路网系统。

其二，民居建筑遵循营造规范，多以轴线对称布局。建筑形制规整、方正，有"一"字形排屋，也有各式天井院落。由于运河枢纽的历史地位，大西坝村经济较为发达，且平原地区建筑规模不太受地形限制，当地民居建筑体量普遍要比丘陵山区和濒海岛屿地区的大。

其三，民居天井狭小且地势平坦，通常是家庭生活生产的中心。天井院多采用夯土、石板或青砖铺地，可为种植瓜果蔬菜、饲养家禽和晾晒稻谷之用。因此，当地人也常把自家宅院的天井称为"稻地"。

笔者在调研中发现，大西坝村现存的 7 幢传统民居中，绝大部分为清代建筑，只有周家里五房民居和大西坝长弄屋为民国时期建筑，大多建筑的主体材质保存较为完整，能够较好地反映传统风貌。（表2-1）随着城镇化、现代化的进程，大西坝村作为传统村落，不可避免地受到时代冲击，现存的传统民居融杂在现代建筑之中，形成了风貌迥异但又刻画着历史痕迹的空间意象。

表 2-1　大西坝村传统民居建筑

| 序号 | 名称 | 位置 | 类型 | 年代 | 级别 | 保护范围 |
|---|---|---|---|---|---|---|
| 1 | 楼家七房民居 | 大西坝村236号 | 古建筑（宅第民居） | 清代 | 三普不可移动文物 | 建筑本体，190.05㎡ |
| 2 | 大西坝长弄屋 | 大西坝村107—119号 | 近现代重要史迹及代表性建筑（传统民居） | 民国 | 三普不可移动文物 | 建筑本体，330.2㎡ |
| 3 | 篱笆里民居 | 大西坝村78—82号 | 古建筑（宅第民居） | 清代 | 三普不可移动文物 | 建筑本体，386.3㎡ |
| 4 | 大西坝民居 | 大西坝村216号 | 古建筑（宅第民居） | 清代 | 三普不可移动文物 | 建筑本体，60.48㎡ |
| 5 | 周家里五房民居 | 大西坝村100—101号 | 近现代重要史迹及代表性建筑（传统民居） | 民国 | 三普不可移动文物 | 建筑本体，209.36㎡ |
| 6 | 长弄堂民居 | 大西坝村152—157号 | 古建筑（宅第民居） | 清末 | 三普不可移动文物 | 建筑本体，258.8㎡ |
| 7 | 周氏仁房民居 | 大西坝村61号 | 古建筑（宅第民居） | 清代 | 三普不可移动文物 | 建筑本体，97.58㎡ |

（二）公共建筑空间形态

传统村落公共建筑一般包括宗祠、庙宇、凉亭等，除了祠堂以外，多数村落都建有庙宇，作为村民信仰的直接体现。大西坝村现存有三圣殿、普（渡）庵和沿河凉亭。本节以普度庵和凉亭为例，分析大西坝村公共建筑的空间形态。应该说，村庙的选址在很大程度上受村落结构的影响，且相融于村落自身的形态。可见，村庙建筑与村落的自然景观、交通网络、社会经济等都有关系。作为村落的信仰中心，普度庵始建于清咸丰四年（1854），现坐落于村落东北角街巷的交叉口，靠近姚江，面南入口处是一片开阔的场地，由此便形成了"街巷—会场—庙宇"的空间层次。（图2-4）

于是，普度庵不仅连接着大西坝村的各个角落，也是村民寄托情怀、交换信息的重要空间。追溯旧时岁月，浙东运河上的官船由大西坝入关赴明州各地上任，官员们带着女眷同行并在大西坝停留休憩，在村中的普度庵祈求好运当头、官运亨通等。目前来看，大西坝村庙宇建筑的空间形态具有以下特点。

图2-4 大西坝村普度庵

其一，普度庵位于村内主要街巷——"井弄"的东南端，是三条街巷的交汇点。在整体格局上，普度庵不仅丰富了村落中的"点""面"空间，同时由于运河村落的特殊属性，也使得普度庵的空间场所带有明显的甬地水文化特征与村民的集体记忆。

其二，普度庵坐北朝南、前后两殿，是典型的三合院式布局。建筑占地约400平方米，入院大门上高悬"普度庵"匾额一块。普度庵现与周边民居建筑紧密贴合，其间形成巷弄，也就在无意中增加了村民相互接触的机会。实际上，普度庵三合院式的平面布局也是宁波村庙中常见的类型。

凉亭是大西坝村内极具特色的街道建筑，采用"抬梁式""双坡顶"跨街而建，亭内两侧放置了两排石凳，既可供人休憩交流，也不影响中间的通行。（图2-5）

图2-5　大西坝村下凉亭

（三）水利设施

作为运河村落，大西坝村至今保留着许多与运河相关的水利设施遗存，承载着深厚的运河文化。村内水利设施主要包括西镇桥、河埠头等日常生活设施以及坝、闸、翻水站、渡口等水利工程设施。考虑到水利设施与后文的水系空间分析较为相关，因此部分内容在后文介绍，这里简单总结其空间形态特点。

第一，日常生活设施主要围绕村落水系分布，集中分布在村落西北侧的临河长街沿岸。其中，河埠头在村内主要为公共河埠头，依附于大西坝河而筑，多分布在沿河主街与纵向巷弄的交汇口位置。

第二，水利工程设施（遗址）多集中在大西坝村东北侧姚江与大西坝河的"T"形交汇处，可以说是村落发展的原始核心点位，也是昔日渡口贸易最为繁荣的地方。

本书通过对史料整理和现场调研，发现大西坝村原有庙宇、祠堂、凉亭等公共建筑和大量的水利工程设施，但随着村落的发展，很多古建因火而毁，其中祠堂均已毁坏。据统计，大西坝村现存建于清代和民国时期的古民居 7 幢、凉亭 2 座、庙宇 1 座；现存水利工程设施有始建于宋代的大西坝旧址 1 处，紧临大西坝现建有大型翻水站及附属大小节制闸；沿临河长街分布 1 座古桥和 15 处河埠头。这些历史遗存以及依然供村民使用的生活设施，见证和延续着古运河的历史和曾经的繁荣。将这些测绘的文化载体在总图上标出后（图 2-6、图 2-7），可以看出传统民居和普度庵分布在大西坝河的东南侧，沿"一"字形长弄依次排布；凉亭及水利设施主要集中在临河长街。于是，村落建筑形态整体呈现"大西坝河—临河长街—长弄—建筑庭院"的空间序列关系。

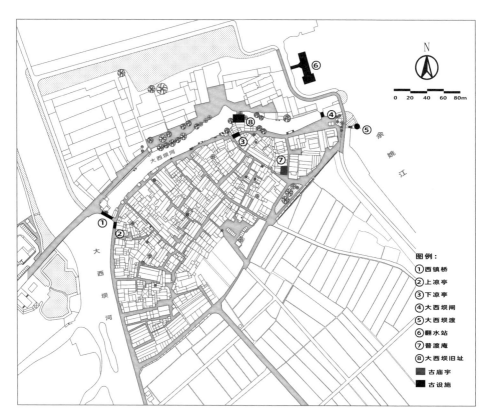

图 2-6  大西坝村公共建筑和水利设施分布图

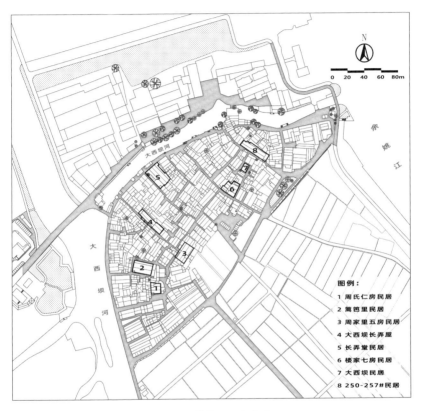

图例：
1 周氏仁房民居
2 篱笆里民居
3 周家里五房民居
4 大西坝长弄屋
5 长弄堂民居
6 楼家七房民居
7 大西坝民居
8 250-257#民居

图 2-7  传统民居分布图

## 二、街巷空间形态

大西坝村的街巷空间分为街巷交通空间、水系空间、节点空间三种形态。

### （一）街巷交通空间形态

街巷在道路的基础上形成，随着道路两侧建筑的不断增加，密度越来越高，逐渐形成两侧封闭、围合感较强的街巷空间。因此，街道、街巷、巷弄等交通网络的形成是个逐步分级、完善的过程。

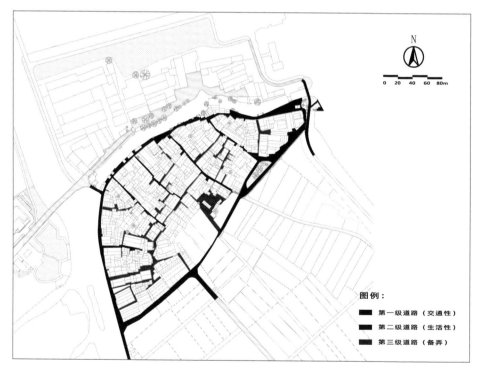

图 2-8　大西坝村街道交通系统等级图

大西坝村现存街道系统整体呈现"梳"状，可分为三个等级（图2-8）：第一级道路是包围整个村落的临河长街与村落东南侧的外围道路（宽度2.5—5.5米），它们是沟通村落与外界的重要通道；第二级道路沿临河长街垂直分布，主要是联系各个民居组团，形成村落内丰富且有特色的街巷空间（宽度约2米），如井弄、大弄、长弄、明堂、篱笆里弄等。这些街巷常在交叉口、转折处、过街门洞等地方形成一些放大空间，为村民的日常交往提供了聚集处；第三级道路是渗透在建筑与建筑之间的巷弄（宽度0.8—1.2米），一般较为狭窄，仅仅能满足"通过"的功能，基本上没有容纳人停留的空间。

街巷空间由界面围合而成，因此界面的属性与特征是这一空间形态的重要内容，成为影响街巷空间认知的重要因素。例如，街巷两侧建筑高度、建筑间距以及围合程度的不同，使得空间的开合与视觉通透性发生变化，所形成的空间感受及行为活动都会有所不同。因此，有必要对街巷空间的界面构成模式进行系统的探讨。

从物质构成而言，街巷是由底界面和侧界面共同界定的线性空间。街巷的底界面指的是路面及其附属的一些外界环境因子如地形、铺装等。作为街巷空间中人们接触最密切的一种界面，底界面是人们融入街巷生活的主要落脚点，有开展活动、划分空间领域、强化景观视觉效果等作用。街巷的侧界面多指沿街建筑的外立面，也是内外空间分隔、渗透的介质，它奠定了整个街巷空间的基本结构。可以说，街巷的走向及线型主要由两侧界面的变化反映出来，侧界面影响着街巷空间视野的变化以及方向性。总而言之，街巷空间伴随着大西坝村的发展而生长，逐渐形成了界面形式多样、尺度变化丰富的空间系统，为人们提供了行走、驻足和交往的场所。

1. 底界面

地形变化与地面肌理是决定街巷底界面特征的关键。常见的坡道与台阶可以带来不同的空间体验，如坡道使底界面具有连续且整体的空间感受，台阶通过划分不同标高的地面而强调出地形的变化特征。

图 2-9　大西坝村街巷底界面示例

如果是街巷中尺度较大的空间节点，地面的下凹或凸起就会强化局部的中心性或标志性。与此同时，底界面材质的不同给人的视觉感受和步行时的触感差别也很大。可以说，丰富独特的底界面材质是构成街巷空间内涵的重要组成部分。大西坝村街巷的地形普遍平缓、少有台阶，这与其属于平原村落有关。底界面主要采用混凝土、碎石、石板等材料。其中，街道和巷道底界面多为混凝土，而传统民居门前则为石板铺设。如临河长街采用混凝土，纹理统一、较为平整，便于车辆和行人通行。二级道路街巷的底界面采用混凝土和碎石拼接的做法，传统民居门前保存着部分石板，整体来看质感比较粗糙，但也不失为一种特色，给行人带来一种领域划分的空间体验。（图 2-9）

## 2.侧界面

侧界面能够突出底界面，是对底界面进行围合或划分的建筑或实体。侧界面与底界面甚至顶界面的构成，能够给人不同的空间感受，在一定程度上塑造着空间中的公共活动。因此，关于侧界面的分析，除了侧界面本身外，还需结合底界面综合考察。街巷两侧的建筑立面、绿化或其他实体如篱笆、护栏、水体驳岸等，围合起街巷空间的侧界面。由于其围合方式、立面形式、材料色彩和规模尺度以及与底界面高宽比（D/H）不同，便形成了几种不同的空间组合模式，带来或开敞或封闭的视觉与空间感受。依据调研结果，归纳出大西坝村街巷空间三种基本的组合模式（图2-10）：

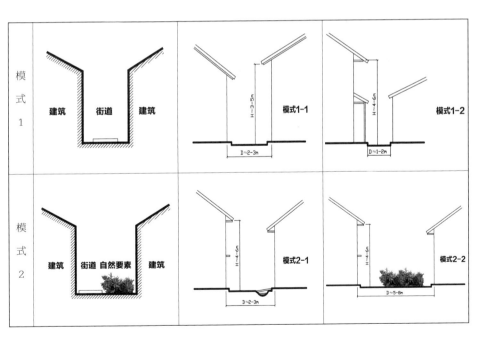

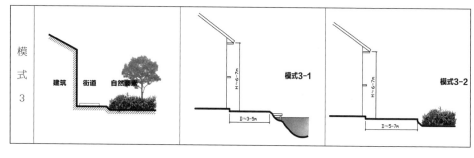

图 2-10　街巷空间组合模式断面图示

　　模式 1：建筑—街道—建筑。主要体现在村落内部较为密集的民居建筑区，两侧建筑高度相仿，立面形式简洁、相似且凹凸较少，因而街巷断面形式简洁明了，往往成为安全性高、围合感强的生活性空间。大西坝村民宅多为二层，因此檐口高度在 6 米左右，D/H 比值在主街与巷道的等级差异下，波动于 0.1—1 之间，形成了较为安全、私密的空间氛围。

　　模式 2：建筑—街道—自然要素—建筑。街道一侧紧挨建筑，另一侧建筑立面前出现了绿化、水体等自然元素。这类街巷空间往往道路较为宽敞，以交通功能为主，兼具一定的公共生活性。这类模式较之第一种模式更具渗透性、开放性和接收性。大西坝村部分民居建筑的底层檐廊或是开敞院落，也可归于此类。[1]

　　模式 3：建筑—街道—自然要素。主要体现在村落的边缘，如一侧临水、临田的街道，建筑界面与曲折水岸线的组合形成开敞、互动的街巷空间。大西坝河河道蜿蜒，村庄沿河长街的一侧界面便

---

① 参见韦浥春《广西少数民族传统村落公共空间形态研究》，中国建筑工业出版社 2020 年版，第 92 页。

是曲折的水岸线。水岸线可以说是街巷空间与水上空间相互渗透，共同形成半开敞的，集交通、休闲、劳作等活动于一体的场所。

笔者在调研中测绘了大西坝村临河长街和几个具有代表性的街巷（表2-2、表2-3），对大西坝村街巷空间的侧界面构成进行了探索。

表2-2　大西坝村街巷侧界面

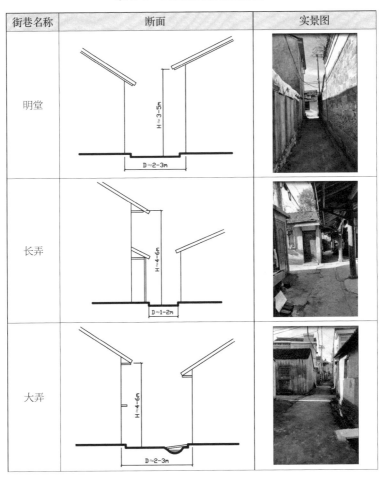

| 街巷名称 | 断面 | 实景图 |
|---|---|---|
| 明堂 | H≈3-5m D≈2-3m | |
| 长弄 | H≈4-6m D≈1-2m | |
| 大弄 | H≈4-6m D≈2-3m | |

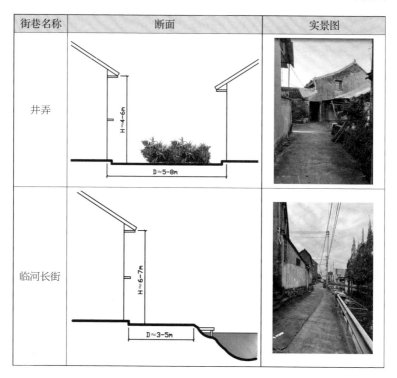

| 街巷名称 | 断面 | 实景图 |
|---|---|---|
| 井弄 | $D≈5-8m$ $H≈4-6m$ | |
| 临河长街 | $D≈3-5m$ $H≈6-7m$ | |

　　此外，由天空、屋檐、树冠等构成的街巷顶界面，在本案例中不做具体讨论，将在后续章节的半浦村案例中展开分析。

表 2-3 大西坝村街巷侧界面

| 街巷名称 | 侧立面展示 |
|---|---|
| 明堂 | 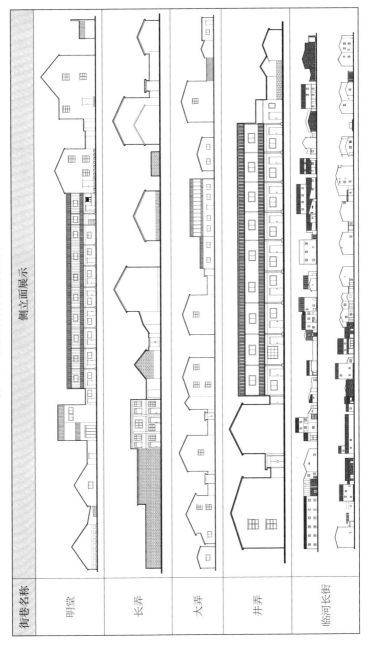 |
| 长弄 | |
| 大弄 | |
| 井弄 | |
| 临河长街 | |

（二）水系空间形态

水系在农业社会是村落生存和发展的根本，灌溉农田、水产养殖、村民生活、消防等都离不开水。因此，在村落的选址和建设中对水系的规划都进行了充分的考虑，不但要符合传统风水格局的要求，还要满足村民生产和生活的需要。

大西坝村位于大西坝河与姚江的"T"形交汇处，村落内的水系主要由大西坝河组成，河流自村落西侧由南向北汇入余姚江。（图2-11）大西坝河全长约2600米，流经村落的河段最宽处达30米，最

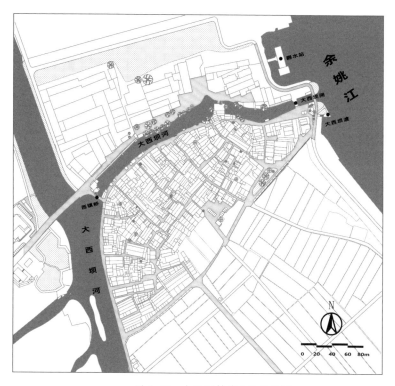

图 2-11　大西坝村落水系平面图

窄处只有7米，入江口河宽10米。河上现有西镇桥、大西坝遗址、大西坝（闸）以及位于村庄东北侧、余姚江边的旧翻水站（20世纪60年代修建）等设施。（图2-12）旧时大西坝的闸门除了蓄水功能外，开启后就有自然排涝之效，因此闸门与旧翻水站合起来完成了对运河水资源的利用。现代化后，新翻水站兼具"供水、排涝、调节水质"等多向功能，用于调节内河与余姚江，取而代之成为新技术发展的载体。

1. 河埠头

河埠头在大西坝河河道上交错分布，现如今依然连接着村民的日常生活，如取水、洗衣、淘米、洗菜、垂钓、聊天，等等。（图2-13）河埠头通常分为私家与公共两种，建在民居建筑贴河那一

（a）大西坝翻水站（旧）

（b）大西坝翻水站（新）

（c）大西坝渡

（d）大西坝闸

（e）西镇桥

（f）大西坝旧址

图2-12　大西坝村水利设施

图 2-13　大西坝村河埠头生活场景

面的基本为私家河埠头，从民居外墙开一扇小门，向水面铺设台阶
与平台，是私人取水的地方[①]。公共河埠头往往分布在较热闹的沿河
主街上。大西坝村多为公共河埠头，共有 15 处，分布在临河主街，
沿河而筑，河埠头一般用青石垒岸，沿岸设以台阶与平台。水上的
空间承载了人们的日常生活场景，通过几个台阶，妇女们来到水边
洗衣服、洗菜、谈天，构成了一道富有特色的大西坝村水巷景观。
可以说，多姿多彩的河埠头不仅为大西坝河带来无限生机，也见证

---

① 参见徐晓黎、于家兴《角直古镇水巷构成要素与价值分析》，《遗产与保护
　研究》2018 年第 4 期。

着运河村落的成长与变迁。古时这里的河埠头主要用作公共码头与公共取水处，可谓商贾云集，人来人往。如今大西坝村临河长街的河埠头虽遗失了商贸价值，但却成了人们日常洗涤、垂钓、拍照取景的好地方。

2. 凉亭与桥梁

凉亭是传统村落建筑中较为重要的公共空间，除了作为提供行人休息、交流的场所外，往往还具有文化寓意，多建在村口的位置。大西坝村的临河长街，古时是渡口贸易的重要街道与集市，可以说是村落的雏形和对外沟通的窗口，因此也具有了村口的意义。跨街做了三个凉亭（分别是上凉亭、中凉亭和下凉亭，现仅保留上凉亭和下凉亭），形成了建筑、街道、水系三者之间的过渡空间，在创造了典型的柔性界面的同时，也为人们提供了驻足、交流的场所。[1]

西镇桥位于大西坝上凉亭旁，东西走向。据村志记载，西镇桥建造年代约在北宋，原是单孔大型石拱桥，有踏阶，1962年拆除拱桥部分，改建成钢筋混凝土结构平桥，无踏阶坡平，桥面21.4米×5米，桥洞高1.4米，洞阔19.6米，石质桥栏高0.4米。现在的西镇桥除了连接大西坝河两岸外，更与上凉亭一起，在酷暑的夜晚成为村民茶余饭后、纳凉休憩的理想场所。

（三）节点空间形态

从整体村落的尺度来看，空间节点通常可以分为三类：第一类

---

① 参见王惠、付晓惠、侯琪玮《古徽州地区传统聚落街巷空间研究》,《西安建筑科技大学学报（社会科学版）》2021年第3期。

是具有明确功能意义和主题的节点，如广场、绿地、街市等。中国传统村落中往往没有完整意义上的"广场"，然而，依附于祠堂、村庙、民居建筑所形成的空地，由于村落的生长和村民交往的增加而形成了具有公共空间意义的"广场"。第二类是村落街巷中的交叉口、转角处、过街门洞、大树下等，它们既是街巷空间产生变化的转折点，也是街网连续性的交接点。这些节点空间在空间的尺度、方向感、日照感觉的差别以及交叉口周边的住宅外观、出入口的处理等方面，都能够使人产生较强的场所识别感，而且与村民日常生活、行为活动形成形象生动的对应。第三类空间节点可以称为"微节点"，是由建筑外墙的错位而形成的尺度很小的节点空间，比如街巷旁侧局部放大的空间。

　　基于上述理解并结合实地考察，笔者将大西坝村街巷系统主要的节点空间分为三种：街巷交叉口空间、街巷门洞空间、民居入口空间。

表 2-4　大西坝村街巷交叉口空间类型与统计

| 类型 | 图示 | 实景 | 占比 |
|---|---|---|---|
| 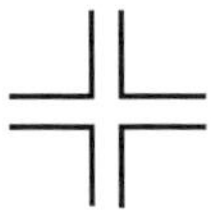 A 型 | 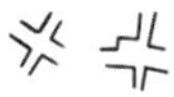 |  | 4% |

| 类型 | 图示 | 实景 | 占比 |
|------|------|------|------|
|  B 型 | 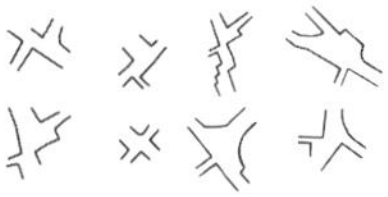 |  | 16% |
|  C 型 | 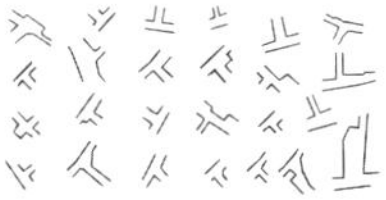 |  | 59% |
|  D 型 | 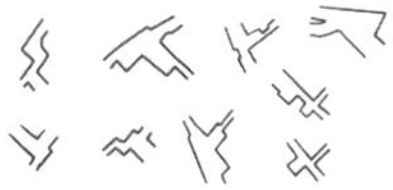 |  | 19% |
|  E 型 |  |  | 2% |

　　如表 2-4 所示，大西坝村各种类型的街巷交叉口，成为街道之间的连接空间。由表中的统计数据可知：这些交叉口大部分均以"丁"字形为模式（占 59%），且几乎所有"十"字交叉的地方均有不同程度的错位，有些则扩大为风车状的小广场（占 16%）。

大西坝村街巷内现存过街门洞 4 座，门洞空间作为街巷内独特的空间元素，从属于街巷空间。从实际的空间体验上看，街巷内的门洞主要有三种空间作用：连续、相邻、混合。连续是指空间界面的连续，相邻是指不同属性的相邻空间之间的过渡，混合是指上述两者皆有。如图 2-14 所示，①③门洞起到"连续"的空间作用，②门洞起到"相邻"空间作用，④门洞起到"混合"的空间作用。

街巷空间在民居入口处大多会有不同程度的放大（表 2-5），作为空间转换、领域划分的缓冲地带，往往兼具传统文化符号与精

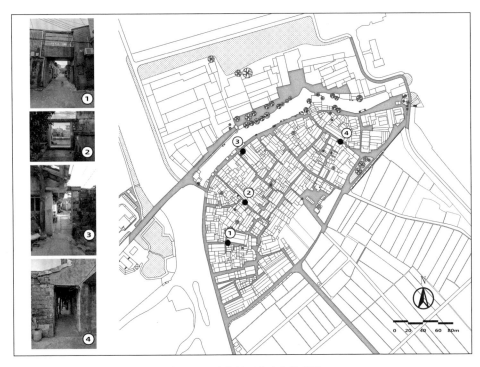

图 2-14　过街门洞分布与场景图

神意义。将大西坝村这些放大的入口空间简单分类，可分为三类：一是"八"字形入口空间，二是"凹"字形入口空间，三是"一"字形入口空间。现如今，这些出入口空间常作为居民家务活动、闲谈交流的空间使用，可视为家庭生活的外延，也为村民的日常交往提供了场所。

表 2-5　民居出入口图示与实景

| 类型 | 平面图示 | 实景 |
|---|---|---|
| "八"字形 |  |  |
| "凹"字形 |  |  |
| "一"字形 |  |  |

# 第四节　小　结

大西坝村以坝兴村，在大西坝河与姚江的交汇处建坝设闸，作为沟通西塘河和余姚江的咽喉，从而被称为"浙东运河上的甬城门户"，是古时宁波连接浙东运河航道的要津。村落紧邻余姚江，沿大西坝河傍水而建，伴随着运河航运、商贸的兴盛，由最初的坝闸、码头、长街逐渐成为集通航转运、商贸集市、灌溉农耕、居住生活于一体的运河村落。村落整体的"船"形轮廓以及由沿河长街向内陆延伸的5条古街巷的"梳"状结构，既是对当地自然环境和气候条件的有机适应，也在传达着运河村落的布局特色。村中留存的庙宇、凉亭、题刻、街巷、遍布大西坝河的水利工程设施以及村民的日常生活场景中。尽管早已失去了旧时水运往来、商贾云集、农耕灌溉的繁荣景象，水利工程设施成了文化遗存，其功能也由新技术、新设备所代替，但依然可从村落的物质形式、村民的生活传统来追忆往昔，体会大西坝村作为运河村落的人文价值、美学价值和经济价值。而所有这些，集中体现在了大西坝村的公共空间形态中。

因此，本章以整体形态为基础，主要从建筑空间形态、街巷空间形态两个维度，探讨了大西坝村公共空间的形态特征。并从历史发展、运河经济的视角梳理了村落的形成过程，为后续分析大西坝村公共空间与社会活动关系提供了历史背景与文化基础。

在新的时代背景下，牢牢把握空间形态研究是保护与发展传统村落的前提和基础。在众多的研究理论与方法中，空间句法是对空间形态进行深层结构挖掘的量化工具，可以通过可视化的图示方式，对人们真实感受到的空间进行直观表达或指标量化，解读人们对于空间的认知。虽然目前运用空间句法研究传统村落空间形态的时间尚短，但是研究成果正在逐年递增。正是因为空间句法可以对传统村落的空间形态进行量化研究，在一定程度上补充、丰富了传统的质性研究，所以这对于探索传统村落空间有着重要的实践意义。

基于此，下一章将从空间句法视角，对大西坝村公共空间形态进行数理分析，探究其空间组构的内在规律，以此解释村落公共空间与村民社会生活的交互关系，进一步探索大西坝村保护利用策略与设计路径。

第三章

大西坝村公共空间的句法解析

村落的物质形式、空间结构与人们的社会交往、环境体验之间存在着交互关系。传统的村落研究在空间形态与社会结构、行为模式之间的互动方面缺乏严谨、系统的分析与论述，而对于村落历史人文、社会环境的研究，往往集中于从地域文化、思想观念等背景因素出发的主观体认与静态描述上，对空间中具体的活动方式缺乏记录，对复杂抽象的空间深层结构与影响因素的分析也不够全面与客观。当前，通过计量模式与数学语言的辅助，更准确地呈现空间系统中复杂的人文社会现象，已成为空间研究领域的重要发展趋势之一。因此，诞生于20世纪70年代，由英国伦敦大学比尔·希利尔（Bill Hillier）教授及其团队创建的"空间句法理论"与方法，成为本书量化解读大西坝村和半浦村公共空间形态的重要支持。

## 第一节　空间句法基本原理与分析方法

### 一、空间句法基本原理

空间组构（configuration）是空间句法理论的核心概念。希利尔将组构定义为一组整体性的关系系统，其中任意一关系取决于其他与之相关的所有关系。也就是说，在这个复杂的空间系统中，任意一个或多个空间元素的改变都会对其他所有空间元素造成一定程度的影响，而且会改变整个空间系统的组构。这种组构关系难以通过简单的语言进行描述与表达，但却潜移默化地存在于人们的思想中，形成对空间的认知与记忆，并通过直觉理解空间的相互关系与布局形态。

拓扑学是描述与研究此类抽象连接结构与相互关系的重要理论基础。图论则是其中最重要的分析理论，它将复杂系统中的各元素抽象成点，并用两两节点之间的连线代表元素之间的关系。因此在村落研究中，可以把村落空间系统中分割的空间元素解构成"节点"，把空间元素之间的连接解构为"线"，这便形成了村落空间系统的点、线结构转化。然后再通过拓扑结构的关系图解（justified graph）与量化指标，探索村落空间的几何构形与行为模式之间的相互关系，推导空间的社会文化逻辑。需要说明的是，关系图解是对空间组构拓扑关系的直观描述，量化指标则是在关系图解的基础上，对空间组构的定量描述。两者的理解与应用将在空间句法模型建构与分析方法中详细论述。

## 二、空间句法模型建构与分析方法

如前所述，空间句法力求从拓扑学视角理解空间结构，将空间结构转化为有相互关系的节点关系图解。其中，每个节点所代表的都是一个空间分割单元。这是一种将空间系统转译、分割化处理的空间量化研究方法，而将分割后的空间单元连续构成可分析的数理模型，就是空间句法模型。到目前为止，根据空间系统的体量、形态以及分割方式的不同，空间句法模型发展为三类：线性（轴线、线段）模型、视域模型、凸空间模型。应该说，三类分析模型各有优势与适用范围，一般应根据研究对象而选择合适的分析模型以及相关的句法变量，也可综合起来比较使用[①]。（表3-1）本章重点研究大西坝村公共空间中的街巷空间，参见表格内容可知，采用轴线模型和视域模型进行量化分析是较为合适的。下面对两类句法模型分别进行简析。

表 3-1　空间句法三类模型与分析方法使用情况对比

| | 空间转译（分割） | 模型建立 | 句法分析 | 适用范围 |
|---|---|---|---|---|
| 轴线模型 | 　最长且最少<br><br>轴线：<br>道路中视线与运动均不受阻碍的最长轨迹线 | 最少且最长的轴线覆盖整个空间系统，并且穿越所有凸空间，每条轴线视为一个空间节点 | 将轴线间的交接关系转化为关系图解，计算空间句法变量，以冷暖不同的颜色表示每条轴线参数的高低 | ·聚落空间形态、建筑内部空间<br>·描述空间结构关系，揭示空间形态演化的规律与法则，以及与社会现象的联系 |

① 参见韦湜春《广西少数民族传统村落公共空间形态研究》，中国建筑工业出版社 2020 年版，第 109—110 页。

| | 空间转译（分割） | 模型建立 | 句法分析 | 适用范围 |
|---|---|---|---|---|
| 线段模型 | <br>不被打断的 | | | ·对几何属性敏感的几何拓扑模型<br>·精确度量街网的多尺度结构特征，满足空间分析精度的更高要求 |
| | 线段：<br>轴线（街道、路径）相邻交点之间不被打断的部分 | 以道路交点之间的线段为分析单元，在轴线模型基础上处理、修正而成 | 线段模型计算的空间属性有较大变化，增加了对最小角度、欧几里得距离半径的控制 | |
| 凸空间模型 | <br>可互视　视线阻隔 | | | ·广场、道路交叉口、建筑内部等围合空间<br>·研究空间的功能、结构，以及人群分布情况等 |
| | 凸空间：<br>任意两点连线形成的线段都处于该空间内，同一凸空间内的所有人都能彼此互视 | 用最少且最大的凸空间覆盖整个空间系统，然后把每个凸空间当作一个空间节点 | 根据节点的连接关系，转化为关系图解，计算空间句法变量，以冷暖不同的颜色表示每个凸空间参数值的高低 | |
| 视域模型 | <br>1步　2步<br>视线深度 | | | ·小型广场、街道、建筑等小尺度空间<br>·分析空间的可视与可行，多用于园林、景观、广场等空间形态研究 |
| | 视域：<br>在空间中某个特定位置可见的所有点的集合 | 将空间简化为均匀分布的视点格网，每一视点代表着站立于此点时看见其他空间的可能性 | 提取空间中有重要意义的特征点（如道路交叉点），计算其句法变量来描述空间形态结构关系 | |

（一）轴线模型

轴线模型中的轴线把空间简化为直线段，表示线性空间，对应于人"看"的最远距离与线性移动，因此轴线具有视觉感知与运动状态的双重含义。当用轴线遍及整个空间系统时，所有轴线都需要尽量长且不重复，而且所用的轴线必须最少。于是，轴线模型在空间系统中建立起一套轴线网络，将空间系统抽象成若干轴线之间的联系图，这样使空间内部的关系更加明晰，成为集成度、选择度、连接度等句法变量分析的基础。

基于上述理解，在街巷空间中建立轴线分析模型的方式是：将街巷空间抽象成线性元素，保持凸空间的连接关系不变，用最长且最少的轴线穿过所有的凸空间，并覆盖整个空间系统，从而构建出街巷系统的轴线地图。（图3-1）地图中的每条轴线都代表了一个空间节点，将其转化为图解关系，进行节点间的拓扑关系分析，并用深浅不同的颜色表达每条轴线句法变量的高低，能够直观地反映出不同节点空间的空间属性与潜在的社会含义，从而为相应的空间设计提供一定的参考。[1]

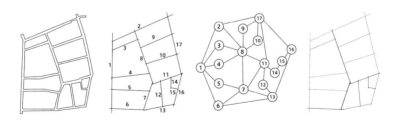

图3-1　轴线模型原理示意图

①　参见文宁《空间句法中轴线模型与线段模型在城市设计应用中的区别》，《城市建筑》2019年第4期。

空间句法有一系列的量化指标来衡量全局或局部的空间结构特征。这些句法变量，是由每一个空间元素（节点）在系统中所处的位置及元素彼此之间的连接关系所衍生的，不仅能客观、理性地呈现系统整体的组构特征，还能直观地体现各节点之间、节点与整体系统之间的组构关系。鉴于村落公共空间结构特征主要表现在空间的集聚、扩散、中心分布以及整体结构的复杂性等方面，选取连接度、深度值、选择度、集成度、可理解度、协同度等作为空间结构特征的判断依据以及人与空间互动关系推理的分析变量。

1. 轴线连接度

空间系统中与某一个节点直接相连的节点个数为该节点的连接值。某一轴线的连接值越大，就意味着该轴线越能有更好的通路到达任意其他轴线。也就是说，此轴线代表的节点空间与周围空间联系密切，该节点空间的公共性与渗透性较好。

2. 轴线深度值

表示空间系统中两个节点之间的最短拓扑距离。如果空间系统中两个节点直接相互连接，则表示它们的距离为一步。由此可见，轴线模型中的轴线不考虑长度因素，只考虑轴线之间的拓扑连接关系，一条轴线到达另外一条轴线经过的最少拓扑步数即为两者之间的空间深度值。另外，轴线平均深度值指从每条轴线到其他所有轴线的拓扑深度的算术平均值。[①] 平均深度值只是一个相对的值，用于比较分析各个节点的平均深度，深度值越高，证明到达这个节点需要的过程越曲折，那么它的可达性就越弱，人的活动延伸到这一

---

① Hillier, B. & Hanson, J., *The Social Logic of Space*, Cambridge University Press, 1984, p.108.

节点空间的概率就越小。相反，深度值越低表明这一节点越容易到达，对应到这一条街巷的便捷程度就越高。因此，轴线深度值体现了某空间节点在拓扑学意义上的可达性与便捷程度。

3. 轴线选择度

选择度又称穿行度，计算某条轴线被其他所有轴线两两之间最短路径经过的概率或次数。选择度常被用来衡量一个节点空间吸引穿越型交通的潜力。

4. 轴线集成度

集成度又称整合度，是空间句法分析中用的最多且最重要的一个参量，反映了系统中某一节点空间与其他更多节点空间联系的紧密程度，用于评估某个节点空间作为交通目的地的可能性，称为到达性交通潜力。集成度值越大，表示节点空间的聚集程度越高，人车流量越大。

集成度还分为全局集成度和局部集成度，反映空间系统整体和局部的特性。全局集成度（拓扑半径 $R_n$）表示节点与整个空间系统内所有节点联系的紧密程度，从而确定某空间在系统中的中心地位，代表交通流量集中的区域；局部集成度（拓扑半径 $R_3$）表示某节点与其附近节点联系的紧密程度，体现一定范围内的生活中心。[①] 一般来说，当集成度值大于 1 时，空间对象的集聚性较强，表示该节点在系统中便捷程度越高，公共性越强，可达性越好，越容易集聚人流；当集成度值在 0.4—0.6 时，空间对象的布局则比较分散。

---

① 参见［英］比尔·希利尔《空间是机器：建筑组构理论》，杨滔等译，中国建筑工业出版社 2008 年版，第 93—94 页。

5. 可理解度与协同度

轴线可理解度表示根据与某条轴线直接相连的轴线数量，去判断那条轴线在整个系统中的重要程度，这体现为轴线连接度与其全局集成度的相关性。较高的相关性表示较高的可理解度，暗示从局部空间结构可以推论出整体空间结构。[①]

协同度指拓扑半径为 3 的局部集成度与全局集成度之间的相关性，度量某区域的内部空间结构在多大程度上连接到其周边空间之中。通过这两个参量，可以从较小的拓扑范围预测空间节点在较大的拓扑范围内的可达性。因此，较高的可理解度和协同度也表示从局部的空间特征中较容易感知到整体的空间结构。

（二）视域模型

视域与空间的营建息息相关，在视域范围内获取空间信息是人们日常感知空间进而体验空间的主要方式。视域模型就是利用人的视觉特性，将人的视域由三维空间抽象为二维平面，以此来分析人们对所处空间的感知与理解。在这里，还需要解释视线深度的概念：如图 3-2 所示，在空间位置 A 可以直接看到 B，这时 A 到 B 的距离便形成一个视线深度；而在另一个空间中 C 和 E 不能相互看到，人们需要通过 D 进行中转，也就是说，从 C 到 E 需要两个视线深度。此外，在实际生活中，视线距离也就是能看多远，也是影响视域范围的重要因素。因此在模型分析中可以对视线距离进行赋值，

---

① Hillier, B., Burdett, R., Peponis, J., Penn, A., "Creating Life: Or, Does Architecture Determine Anything?", *Architecture et Comportement/Architecture and Behaviour*, Vol.3, No.3, 1987, pp.235-250, p.237.

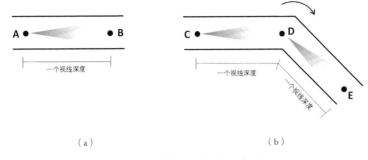

（a）　　　　　　　　　　　　　（b）

图 3-2　视线及视线深度示意图

视线距离等同于一个视线深度，便能更准确地反映实际生活中的视域现象。

视域模型通过设置密度相等的方格网将空间划分为单元格的集合，以每个单元格作为计算单位进行相关变量的计算，并将计算结果通过赋予单元格不同的颜色来表示。一般情况下，颜色由暖到冷，反映数值由高到低。视域模型不仅可以反映空间的视线情况，也可反映空间的交通情况。同样，我们对视域模型的主要分析变量做出简析。

1. 视域集成度

在描述空间的通达性时，可以运用空间句法的视域集成度（整合度）进行分析。集成度数值越高的区域，也就是代表视线相互可见性高的区域，表明此处的视线连通性较好，容易形成视觉中心或是人流的聚集。

2. 视域连接值

视域连接值是指空间系统中与某个节点视线直接连接的其他节

点的数量之和。连接值越大的空间单元，与其直接相连接的节点数量越多，说明该空间渗透性越好，公共性越高，在此空间内能看到的区域面积越大，视线更加通透。

3. 视域聚集系数

视域聚集系数表示空间受到的遮蔽程度。聚集系数越高，代表空间受到的遮蔽越强，其附近的空间边界在视觉上的限制作用越强，反之聚集系数越低，受到的遮蔽越弱，其附近的空间边界在视觉上就无太大的限制作用。

综合上述内容，空间句法是基于人们线性运动的行为规律与相互可视的社会交往前提，将空间简化为线性、凸空间和视域，从而映射了人们的社会活动与空间系统的关联。本章以轴线模型与视域模型解析大西坝村的街巷空间形态：轴线模型的分析能关注到街巷空间行人的集聚性、穿越性等，可直观显示街巷的布局结构特征与人群分布；视域模型可将行人对空间的视觉感知展现出来，能表达空间系统的可视性与行人的空间感受，其中不受行走限制的可视性分析，更能反映人在某空间的实际体验。于是，在研究中通过计算空间系统的集成度、选择度、连接度、深度值等变量，从而揭示街巷空间形态的内在社会逻辑，而变量中的系统指标和局部指标则能更全面地反映空间关系，综合表达街巷空间的流动属性。[①]

---

① 参见李冉、韦一、刘梦晨《基于空间句法的合肥市淮河路步行街区空间形态研究》,《安徽建筑大学学报》2020 年第 4 期。

## 三、数据来源

本书的分析数据主要来源于两个方面：一是 2019 年宁波市自然资源和规划局海曙分局公布的《宁波市海曙区大西坝历史文化名村保护规划》图纸资料。如今，大西坝村的实际情况与当初规划局的测绘图相比，已发生了一些变化，因此需要结合实际对图纸内容进行必要的修改与调整，同时利用规划图中的总平面图、传统街巷保护图、道路交通规划图等作为分析的辅助资料。二是现场调研测绘的数据。借助无人机拍摄高清影像图，同时进行现场考察，测绘街巷空间平面尺度、立面尺度、节点空间尺度等相关数据，得到的测绘数据作为模型建构与分析的基础资料。

将采集后的数据，利用 AutoCAD 软件进行绘制。图纸完成后转换成 dxf 格式并导入空间句法分析软件 Depthmap，构建空间句法的轴线模型和视域模型，运算集成度、深度值、连接度等空间变量。最后，将空间变量结合前一章节的调研内容进行相关性分析，从而探索大西坝村街巷空间的形态特征与深层结构。

## 第二节　大西坝村街巷空间的轴线模型分析

运河村落中除了文化价值丰厚的古建筑外，构成村落空间形态的骨架支撑——街巷空间，承载着丰富的历史文化信息。对于村落历史风貌的动态感知，是能够从街巷中的文化活动以及在街巷中行走获得的。因此，加强对街巷系统及风貌的认知与保护，恢复街巷空间的活力，才能使人真正体会到运河村落的"温度和生命力"。

根据大西坝村的总平面图（图3-3）及实地调研后整理的相关资料，笔者首先保证街巷空间之间连接关系的原真性，利用CAD软件绘制出大西坝村街巷空间图。（图3-4）然后按照"用最长且最少的轴线穿过所有凸空间"的句法原则，绘制出大西坝村的街巷空间轴线图。（图3-5）该村面积不大，轴线绘制相对来说比较容

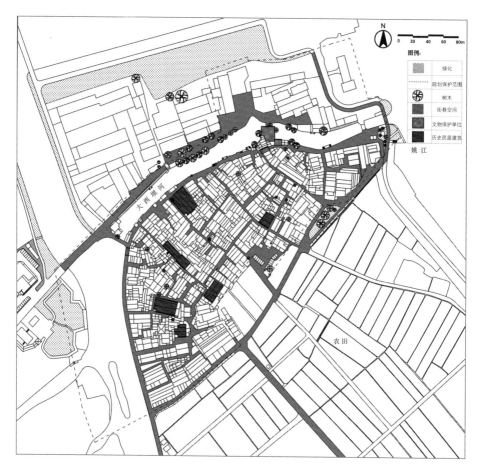

图 3-3　大西坝村总平面图

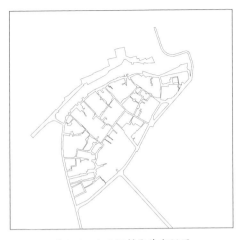

图 3-4  大西坝村街巷空间图

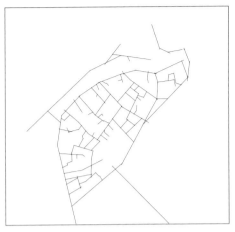

图 3-5  大西坝村街巷空间轴线图

易，共有 115 根轴线，由大多数的中长轴线及少量短轴线构成。最后用 Depthmap 软件对大西坝村轴线图进行数理运算，生成的句法图示和变量数据（表 3-2）可直观地反映出大西坝村街巷空间的形态特征。需要说明的是，表中的"局部集成度 R3、连接值"涉及轴线与其临近空间的关系，因此描述的是局部属性；"全局集成度、选择度"两个变量涉及空间系统内全部元素之间的关系，描述的是空间系统的整体属性。

表 3-2  大西坝村街巷空间量化数据表

| 变量 | 轴线数量 | 全局集成度 | 局部集成度 R₃ | 连接值 | 选择度 | 深度值 | 可理解度 |
|---|---|---|---|---|---|---|---|
| 数值 | 115 | 1.05 | 1.39 | 2.78 | 493.77 | 5.33 | 0.53 |

## 一、集成度分析

### （一）全局集成度分析

在空间句法的分析结果中，全局集成度数值最高的那部分轴线被称为轴线系统的空间核心，这部分轴线在整个街巷空间系统中扮演较为重要的角色。街巷系统的核心空间，反映这部分区域有较高的公共性和可达性，有较强的汇聚人流的能力，作为空间系统的中心，在整个村落中发挥着重要的作用。通常情况下，村落以此空间为核心空间，向周围或者某个方向进行扩展。而低集成度的街巷较隐蔽、安静，人流量小，以适合生活居住的民居建筑为主。

如图 3-6 所示，由 Depthmap 软件对大西坝村全局集成度进行可视化表达，其默认的上色方式根据变量的最大值与最小值范围，把数据均分为 10 份，对每一份赋予从红色到蓝色渐变的色彩。也就是说，轴线颜色由红到蓝，由暖到冷，依次代表某轴线变量数值的由高到低，这样就可以通过色彩变化识别某个值的高低等级。因此，通过定量数据的可视化表达，可以对村落的基本结构做出准确的定性描述。图中除了明显的"T"形中心外，村落整体被外围集成度较高的轴线所包围，在村落中部有一条暖黄色的街道，与外围道路组成了较为明显的"川"形主结构。与此同时，若干街巷在"川"形之间依次渗透，并与外围道路相互垂直，最终呈现出有趣的叶脉肌理。大西坝村的全局平均集成度（$R_n$）为 1.05，即整体空间集成度处于中上水平，说明大西坝村整个街巷空间系统具有较强的整合力。图中颜色最暖的区域，即全局集成度最高的"T"形轴线，分别为东南方向的外围道路及与之垂直相交的大弄，可以理解为大西坝村相对容易到达的街巷或道路，这些地方可能成为人们集聚交流的场所。图中最冷的区域，即全局集成度最低的轴线，分布在大西坝河北岸的老厂房和翻水站区域。

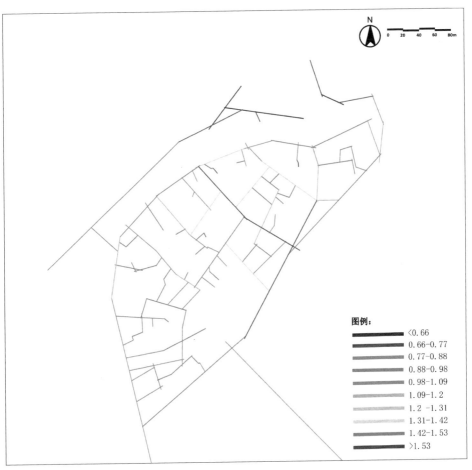

图 3-6  大西坝村全局集成度图示

稍加推测可以发现，村落的旧肌理往往拥有较短的街道段和较曲折的路径，而最近生长或更新过的肌理则会出现较长、较宽的直线街道。大部分新生肌理会向村落外部蔓延生长，一般向新修的高等级道路方向加密。大西坝村的街巷与道路也符合这一规律，比如曲折的临河长街与笔直的村南外围道路。总的来说，大西坝村的街巷系统以外围"梭"形街道逐渐内聚，与外围道路纵向交接的数条街巷向内部居住区延伸，轴线颜色慢慢由红变蓝，集成度由高变低，形成层次分明的集聚（集成度较高）与离散（集成度较低）区域。于是，以"核心区—次中心区—边缘区"的层级组合，构成了一个完整的街巷系统。"核心区"是大西坝村中最核心的公共空间，也是村落中最为活跃和开放的空间，同时还是最易于外来者进入与认知的空间，因此具有交通出行与生活出行两大功能。从图中来看（图3-6），主要包括村落外围街道和一条连接南北的街巷——大弄。"次中心区"是连接核心街巷与内隐性巷弄的过渡空间，其街巷空间的覆盖范围较大，承载着村民们日常的社会交往活动，可理解为生活出行的路网层级，主要分布在与临河长街相垂直的历史街巷。"边缘区"是村落中较为私密和易被忽略的空间区域，也就是图中的绿色、蓝色轴线，这些巷弄空间外来者不易发现，但与村民的居住生活密切相关，往往是家务活动开展的场所。对于大西坝村的村民而言，日常的生活行为及交往活动经常性地发生在"次中心区"与"边缘区"的居住型街巷，这些区域也是村民"延续的生活场所"。

从大西坝村的历史沿革结合街巷系统的道路层级来看（图3-7），在以水运为主的古代，村落三面环水，大西坝河自西南向东北顺势经过村的西北面，河水整体环抱着全村，村民傍水而居。

随着村落的发展，村落空间由临河长街向东南面拓展，临河长街成
为外向型主干道，而其他街巷则顺应地形向陆地一侧分散、渗透，
整体布局呈现导向性较强的"梳式"形态。近现代随着水运的衰败
以及经济的转型发展，村落东南侧修建外围道路，形成沟通村落与
外界的重要陆路通道。临河长街也随着时代的发展，由原先的步行

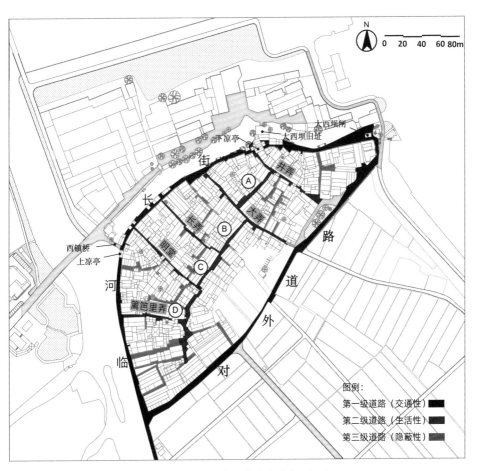

图 3-7　大西坝村街巷系统道路层级图

街道逐渐成为机动车、行人混杂的道路。自此，临河长街及对外道路形成围绕着整个村落的闭环，一起成为村落对外开放、沟通的交通要道。图中 A、B、C、D 四段位于村落中心位置的短街巷，虽曲折变化但保持着内在的联系，串联起村落中与之垂直分布的历史街巷，成为村民日常生活出行的重要路径。

空间句法理论认为，轴线元素集成度从高到低加总，达到总集成度值前 10% 的这些轴线将组成集成核，有成为活力中心的潜力。为了更直观地分析街巷空间与社会属性之间的关系，将大西坝村的总平面图与轴线集成度（$R_n$）组构图叠加。（图 3-8）从表 3-3 中可以看出，轴线 0、1、2、3、23、25、42、45、46、47、66 达到总集成度值前 10%，这些集成度较高的轴线主要分布在大西坝村的临河长街、大弄以及东南侧外围道路位置，表明这些街巷的人流或车流集聚程度最高，是村落最主要的集散空间，构成了大西坝村的全局集成度核心。首先，轴线 25、42、46、47 围合而成的区域是大西坝村人员最集聚的地方，在此分布着停车场、村民小广场、公共厕所，形成了民居建筑群至村落边界的过渡区域，同时也是外来人员及车辆入村的主要交通要道之一。就村民活动而言，此块区域南面无建筑物遮挡，自然采光条件较好，面朝农田，景观视野较佳，同时空间尺度较大，便于人们停驻休憩、交谈娱乐等。其次，大西坝村临河长街所处的轴线 0、1、2、3 也具有相对较高的集成度，反映出该条街道在村落历史上的核心地位。现在长街依然紧邻着大西坝河，与居民的日常生活密切相关，沿街串联起小超市、上凉亭、理发店、桥梁、三圣庙、下凉亭、大西坝旧址以及 15 处河埠头，同时还连接着大西坝村 5 条纵向的历史街巷，便于村民生活、生产和出行。另外，次中心区域位于集成核附近，与集成核区域街巷轴线相交叉，沿着大西坝村 5 条历史街巷纵向分布。村民可通过这 5 条纵向轴线由民居庭院到达临河长街及村口区域。集成度

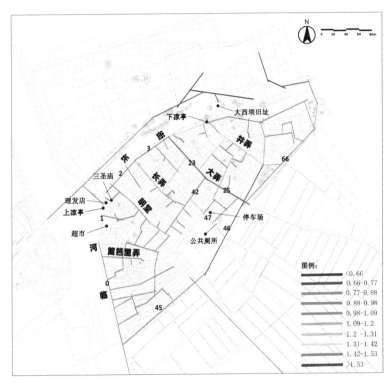

图 3-8　大西坝村全局集成度分析图示

表 3-3　大西坝村全局集成度轴线数值对应表

| Ref | 46 | 25 | 23 | 3 | 42 | 45 | 0 | 2 | 66 | 47 | 1 |
|---|---|---|---|---|---|---|---|---|---|---|---|
| 数值 | 1.64 | 1.62 | 1.58 | 1.51 | 1.50 | 1.49 | 1.48 | 1.45 | 1.44 | 1.41 | 1.38 |

较低的轴线则主要分布在村落的东北部边缘区域、大西坝河对岸以及民居建筑间狭窄的巷弄。集成度最低的蓝轴线位于北侧的老厂房区域、大西坝翻水站遗址以及深处巷弄。老厂房及大西坝翻水站遗址多为工业废弃区域，人流量小，而大西坝村民居建筑密集，连通的街巷曲折且以尽端式巷弄居多，因此道路狭窄，可达性弱，私密性强。

### （二）局部集成度分析

局部集成度是反映一条轴线到拓扑半径 3 或以上的距离之内的其他轴线的相对可达性，即一个单元空间与该单元空间三步之内的其他空间的集聚或离散程度。[1] 因此，局部集成度代表的是某一空间与它附近几步内空间联系的便捷程度，一般将 R 值取 3，因为 3 是最接近人实际步行距离的数值。根据局部集成度图（图 3-9）的分析结果及轴线量化数据表（表 3-4），可知大西坝村有 5 个局部集成核。对比全局集成度（$R_n$）与局部集成度（$R_3$）的轴线分析图可以发现，数值均为最高的那部分轴线有重合，说明村落的局部结构中心与整体结构中心相似，也位于轴线 23、25、46、42 的交叉处，这些轴线基本上覆盖并串联起村民们交流活动的公共空间。传统的邻里关系使得村民更倾向于在户外空间进行休闲交往活动。局部集成核的分布，实际上就是固定的时间与地点可能发生的逗留活动，如打牌、下棋、聊天及儿童游戏等，也就是传统的空间格局。

---

[1]　参见王浩锋、叶珉《西递村落形态空间结构解析》,《华中建筑》2008 年第 4 期。

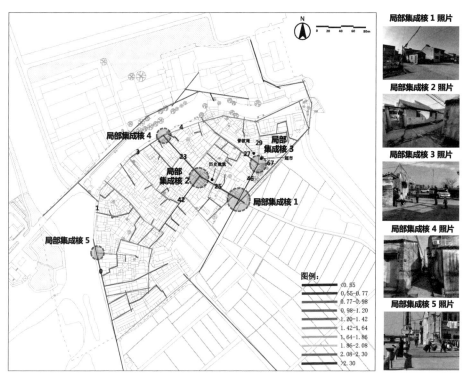

图 3-9　大西坝村局部集成度分析图

表 3-4　大西坝村局部集成度轴线数值对应表

| Ref | 25 | 23 | 42 | 0 | 46 | 3 | 27 | 1 | 4 | 29 | 67 |
|---|---|---|---|---|---|---|---|---|---|---|---|
| 数值 | 2.51 | 2.42 | 2.38 | 2.37 | 2.36 | 2.14 | 2.13 | 2.13 | 2.06 | 2.01 | 1.93 |

经实地调研结合句法分析发现：

第一，局部集成核 1 覆盖的范围是三个方向的道路汇集处，形成了一个较大的局部放大空间，而且道路较为宽阔，是村民及外来人员进出村落的主要通道，因此交通便捷，空间使用率较高。此外，村民也通过此处到村南进行田间劳作。

第二，局部集成核2处于三条集成度较高的轴线交汇处，连接着村落的入口空间、内部空间及临河长街，是一个重要的街巷空间。附近有一处清代民居建筑，留存着历史的风貌与记忆。

第三，在局部集成核3的区域中，小广场、超市等公共设施坐落在这块空旷的场地上，村民经常来此闲聊、下棋等。此处还有一处清代村庙普度庵，是古时官船停靠大西坝，官员女眷们祈求好运当头的庙宇，现在成为村民信仰活动、交换信息的理想场所。

第四，局部集成核4处于临河长街与大弄的丁字交叉路口，临河长街宽度为2.4—5.5米，总长500米，靠近临河长街的中点位置。大弄则是大西坝村5条历史街巷中最长且最宽的街巷，长度达到135米，宽度范围为2.2—3.1米。同时，在两街交叉口附近有一处较宽的河埠头，村民经常在此垂钓闲聊、洗涮取水。两条街巷空间条件较好，所以此处的交叉路口区域可达性较高、人流密集。

第五，局部集成核5处于临河长街与篱笆里弄的交汇口区域，相对空旷的环境为村民提供了简单交易的场所，河鲜、海鲜产品及自家饲养的家禽会在此进行小规模的售卖活动。

通过实地调研与轴线模型分析对比，发现句法分析得到的空间集成核位置与村民实际集聚活动的公共空间位置有较高的一致性。此外，没有固定时间与地点进行的交往活动，多发生在集成度较高或中等的轴线区域，比如沿河长街的河埠头就是村民洗涮、聊天的集中场所。因此，也证明了轴线模型分析的有效性与可靠性。

将全局集成度和局部集成度的相关数值进行对比分析（表3-5）可知，大西坝村局部集成度的平均值高于全局集成度的平均值。这意味着，对于外来者而言，村落整体街巷空间系统并未有较为明晰的渗透性，村落内部结构无形中阻隔了外来者直接穿越村落内部的可能。而对于大西坝村的居民而言，看似复杂的街巷内部空间，只需经过几步的空间拓扑转换，即可从村落外部进入到村落的中心区域。局部集成度相比全局集成度较高，局部集成度的最小值与最大值相差较大，在此也可理解为村落内部自我防御与庇护的一种空间表达。空间逐渐由开敞转变为内隐的过程，空间的领域性也逐渐加强，对于村落居民而言，领域空间给人安全感、归属感与家园感。[①]

表 3-5　集成度分析参数表

| 集成度 | 平均值 | 最大值 | 最小值 |
|---|---|---|---|
| 全局集成度（$R_n$） | 1.05 | 1.64 | 0.55 |
| 局部集成度（$R_3$） | 1.40 | 2.51 | 0.34 |

## 二、选择度分析

轴线模型的选择度大概显示了空间系统某些主要的穿行道路结构，类似日常所见的交通地图。如图 3-10 所示，大西坝村的平均全局选择度为 493.77，红色轴线为最大值 4053，而且选择度较高的轴线与全局集成度前 10% 的轴线高度重合。这些数据说明这几条轴线所对应的街道是村民日常步行活动最容易选择并穿越的便捷之路，同时也是可达性高、引发交往活动的街巷空间。具体来看：

---

① 参见王静文《聚落形态的空间句法解释：多维视角的实验性研究》，中国建筑工业出版社 2019 年版，第 88 页。

红色轴线所在的街道是临河长街的一部分，而且靠近村口位置，是目前出入村庄的重要通道；相反，其他分布在村内的冷色系轴线，其周围以民居建筑为主，穿越人流少、私密性强；普度庵所在位置也有一条高数值轴线，中间的东西向轴线（大弄）与集成度核心再次重合。由此可见，这几条选择度、集成度均较高的街巷空间是未来规划与设计的重点。可以说，这个计算结果与村庄的用地类型和

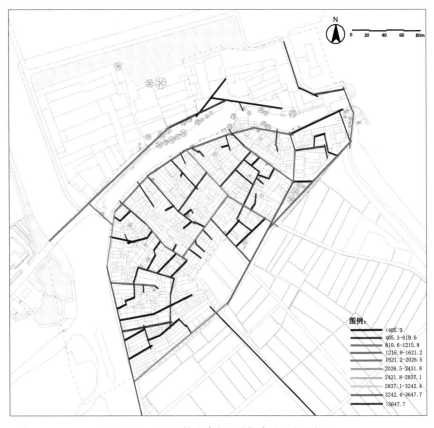

图 3-10　大西坝村街巷空间选择度（$R_n$）分析图

实际行走体验均高度相符。此外，调研中还有一个实地发现，当地居民对步行空间的选择具有一个显著的特点：熟练地使用备弄。所谓备弄，是指古代大户人家内部供佣人使用的生活服务性巷弄，为私人所有。而到了现代，原有大宅被很多户住家共用，备弄也成了村落的公共步行通道。但由于其出入口不明显且空间幽暗，外来游客一般不会轻易进入，备弄由此成为本地居民内部的步行通道，这在一定程度上也满足了村民生活环境的领域性和私密性需求。

总之，纵观大西坝村的全局集成度（$R_n$）和全局选择度（$R_n$）两组组构图可以发现，两者有明显的重叠之处——临河长街。作为古往今来的水运、贸易和集散中心，临河长街始终保持着较高的集聚与穿行的潜力，由此可以清晰地看出村落空间由临河长街逐渐拓展、演变的自组织生长过程。


### 三、可理解度与协同度分析

如前所述，可理解度与协同度用于描述局部变量与整体变量的相关度，是用来衡量从一个空间所看到的局部空间结构是否有助于建立起整体空间系统图景的指标，即能否作为看不到的空间结构的引导。[①] 应该说，局部和整体之间的关系是空间整体结构的重要特征，可通过局部与整体属性之间的线性回归系数 $R^2$ 来度量。$R^2$ 的数值介于 0—1，0 表示完全没有关联，0.5 以上表示相关，0.7 以上表示显著相关，1 表示完美关联。

---

① 参见张愚、王建国《再论"空间句法"》，《建筑师》2004 年第 3 期。

在空间句法中，通常用全局集成度与局部集成度的散点图来进行协同度的分析与图示。在 Depthmap 软件中选择全局集成度（$R_n$）和局部集成度（$R_3$）这两组数据进行回归线分析，通过 XY 散点图来总结轴线系统的协同度，借以衡量大西坝村局部空间与整体空间之间的关系（图 3-11）。散点图中 X 轴代表全局集成度，Y 轴代表局部集成度。根据散点图可以得出大西坝村的 $R^2$ 值约为 0.84，这说明空间的局部感知和整体感知有着较高的一致性，且局部集成度随着全局集成度的提高而增加。此外，从散点图中还发现，集成度的低值和高值分布变化都比较均匀，这说明大西坝村整体村落街巷空间的过渡性良好。人们可以从村落的局部空间形态较容易地推测整体的空间特征，不易迷路。在实地调研中也能发现，临河长街与

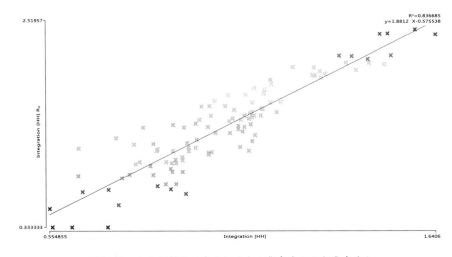

图 3-11　大西坝村协同度分析（全局集成度与局部集成度）

村口干道为村民的主要交通要道，为一级道路，纵列分布的二级街巷与之垂直，村落的空间脉络较为清晰，且大西坝村整体村域面积不大，因此辨识度较好。人们能够较为容易地判断各地的方位，整体空间与局部空间良好的协同性可使得参观者通过局部空间意象，相对容易地认知村落整体空间。

另外，以全局集成度为 X 轴，以连接值为 Y 轴，得出可理解度的散点图示（图 3-12），计算出 R² 约为 0.53，说明大西坝村街巷空间连接值与全局集成度也有一定的相关性。如果以局部集成度（R₃）为 X 轴，以空间连接值为 Y 轴，得出局部范围内的可理解度散点图示（图 3-13），计算出 R² 约为 0.72，说明大西坝村局部空间的理解度相对更好。

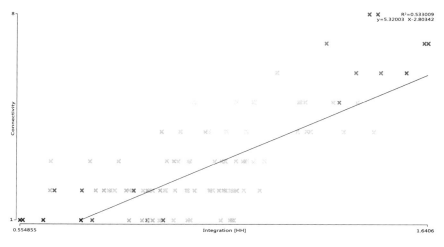

图 3-12　大西坝村可理解度分析（全局集成度与连接值）

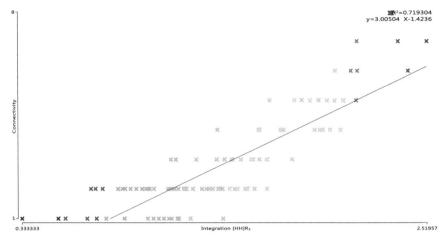

图3-13　大西坝村可理解度分析（局部集成度与连接值）

# 第三节　大西坝村街巷空间的视域模型分析

本节以视域分析法对大西坝村街巷空间进行量化分析，目的在于分析街巷结构的轴线模型之后，再融入平面尺度、边界、形状等维度，以考察街巷的空间形态及行人对其风貌的体验。在Depth-map软件中，空间的边界被识别为"墙体"，认定视线无法穿过，空间边界即为视域边界。所以对于透明隔墙或是民居院墙中的漏窗、半开敞墙面等，如果没有事先处理，视域分析方法是无法识别的。因大西坝村存在较多的民居院落面朝街巷或呈开敞状态，同时也有河流、花木等目光可视但步行不可穿越的空间，所以为尽量避免视域分析的缺陷，基于大西坝村总平面图，分别绘制可行层和可视层的视域分析底图。

在量化分析前首先对空间网格进行设置。如前所述，所谓的空间网格其实就是以网格的形式对空间系统进行分割。假设将空间系统视为一个大单元，那么一个个小方格网就是大单元中的小单元，无数的小单元构成了一个整体的空间。Depthmap 软件会对空间中的每个小方格进行相关量化指标的计算，并进行相应的数据化处理。数据相同的小方格就会被赋予同一种颜色，数值高低呈现出对应的暖冷色的色彩变化，最终就可以得到一张冷暖色调的分析图示。在CAD 绘制好街巷空间视域分析模型的平面底图后，在 Depthmap 软件中进行空间网格的设定，可参考人体肩宽尺度（550—800毫米），在本节的分析中，将空间网格设置为 800 毫米 × 800 毫米。

## 一、可行层

"可行层"顾名思义是为人之所及，即人群可以自由步行到达的所有区域范围。其偏于研究空间界面尺度的问题，也就是客观的空间。同时可行不同于所行，可行包含了所有可达的可能性，而非行人选择的路线，是对可达空间客观全面的描述。在大西坝村的空间范围内，人群不能穿越的河流、农田以及庭院围合遮挡的区域，等同于建筑墙体的处理，同时忽略单株高大乔木对可行层的影响。

### （一）视域集成度分析

"视域集成度表示整个空间系统中潜在的视觉核心区域，即某一点与周边空间视觉关系的直接程度。空间中的某一点越能够轻易地看到剩余区域，同时其他区域也可以轻松地看到这一点，则该点的视域集成度越高。该指标可以帮助我们分析街道步行空间中某点在视觉层面上的重要程度。"[①] 经过计算分析得出大西坝村街巷空间的视域集成度（图 3-14），村落外围的区域存在大量的红橙色和黄绿色区域，说明空间集成度高，视线可达性强。而村落内部多呈现蓝色，表示集成度低，不容易被视线穿越。这就意味着临河长街、大弄与东南方向外围道路区域是视线通透而有活力的，而村落内部曲折的街巷空间则是相对隐秘的。图中 A、B、C 三处区域的视域集成度最高，与周边区域的视觉联系最为紧密，这些区域均位于外围道路平直空间或交叉口开阔区域。结合实地调研发现，A 点的区域（集成度值为 4.45）位于入村主干道与大西坝村对外道路的交叉路口处，两条道路较为平直，且为大西坝村范围内最宽的街道，因此视线在此区域中更加顺畅，可确保车辆与行人的交通安全。B 点的区域（集成度为 4.19）位于大弄的尽端与对外道路的交叉路口。相对于 A 点区域的集成度，B 点区域由于处于大弄的尽端，所覆盖的街道宽度有所限制使得集成度略微下降。而 C 点的区域（集成度为 4.25）处于临河长街与篱笆里弄的交叉路口。此处临河长街的宽度为 5 米，道路宽敞，人们在此可看到南北两面的街道空间，公共性较强。正交串联 5 条古巷的中心长街，其西南段加建了不少新建筑，导致视线因路线曲折而受阻，因此集成度偏低，难以吸引视线到达，未能很好地展示此处的古建风貌。

村落中街巷空间提供了连续的视线信息，而交叉口区域是空间转换、人流穿行中的重要节点。从视域集成度高的 A、B、C 三处

---

① 刘皓：《基于包容性理念的城市街道步行空间设计研究》，硕士学位论文，东南大学，2020 年，第 90 页。

交叉口区域可以看出，交叉口所处的空间位置及形态与其视线范围有一定的关联性。（图 3-15）视域集成度较高的交叉口往往成为视觉的中心，表现出公共、开放的属性。大西坝村视域集成度较高的交叉口，平面形态以"T"形为主，处在居住建筑群与一级街巷的交叉口，同时这些交叉口连接的街巷宽度较宽、靠近村落外部，所以形成的交叉口视线较好。而视域集成度较低的交叉口，平面形态

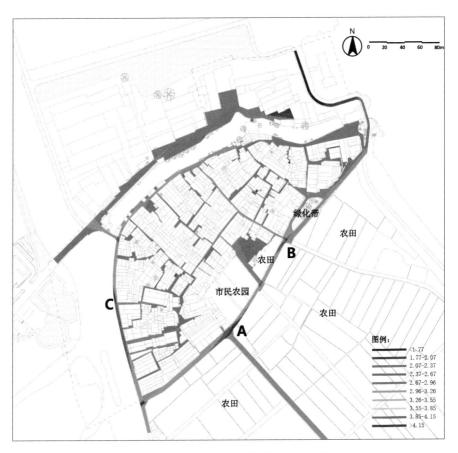

图 3-14　大西坝村街巷空间视域集成度分析图

以"L""T"形为主，分布在靠近民居建筑入口的巷弄，通向村民的私密性居住地段，巷弄两侧视线封闭性较强。可以说，视域集成

图 3-15　大西坝村街巷空间视域集成度交叉口区域分析图

度低的交叉口区域，往往平面形态较为复杂，而且空间界面的开敞度也低，导致视线在空间内部经过的转折次数较多。由于大西坝村内部区域的民居建筑分布密集、巷弄曲折、建筑外轮廓的凹凸结构容易形成视觉死角等，因此在视域集成度图示中显示为明显的冷色系。

（二）视域平均深度分析

图3-16为大西坝村街巷空间的视域平均深度分析图示，颜色越冷的区域说明视线转折越少，在大西坝村村域范围内更容易被看到。村落整体街巷空间视域平均深度为5.46，元素数量为33745个。选取临河长街与历史街巷的视域平均深度和元素数量展开分析，统计结果如表3-6所示。

从统计结果结合图示可以发现，临河长街、大弄以及对外道路的视域平均深度值较低，其可达性较高，人群容易通过。篱笆里弄、明堂、长弄、井弄的视域平均深度值较高，空间局部的可达性较低，人群相对较难到达。这里可以发现，较高视域平均深度的街巷基本上都在大西坝村的内部，即比较靠近村落的中央位置；相反，较低视域平均深度的街巷在村落的"边缘"位置，代表的是整个村落的外部形象。每条街巷经过视线的转折就意味着踏进了一个全新的空间，不断地视线变换，代表着由外入内，街道领域空间的转换和变化，也形成了空间开合与抑扬顿挫。

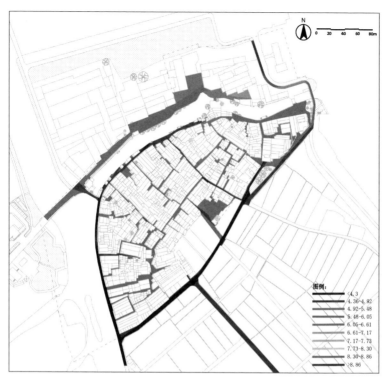

图 3-16 大西坝村街巷空间视域平均深度分析图

表 3-6 大西坝村主要街巷视域平均深度统计表

| 句法参数 | 临河长街 | 篱笆里弄 | 明堂 | 长弄 | 大弄 | 井弄 | 对外道路 |
|---|---|---|---|---|---|---|---|
| 视域平均深度（Average） | 4.73 | 5.17 | 5.24 | 5.6 | 4.79 | 5.43 | 4.44 |
| 元素数量（Count） | 4464 | 335 | 374 | 364 | 634 | 250 | 4123 |

## 二、可视层

视距可及，可被行人观察到的位置均属于可视层。其偏于研究视觉界面尺度的问题，也就是主观空间。同时可见不同于所见，可见包括了所有能够看到的可能性，是对视觉空间客观全面的描述。参考我国成年人的平均身高，在本节的分析中将视线高度定在1600毫米，以此来判断视线的可见性，将农田、大西坝河和开敞庭院等区域划在分析范围内。

### （一）视域连接值分析

视域连接值表征空间中某一点与其他点视线连线的数值，某点可看到的空间越多，则视域的连接度越高。该指标可以帮助判断街道空间的整体可视性状况，分析步行空间视线交织的可能，从而帮助我们对街道空间的开合进行整体研判和分区。

由于村落的可视范围较广，计算量较大，在计算可视层连接值参数时，考虑将大片农田及部分水域划出计算范围，保留村落内部街巷空间、大西坝河及部分农田的视域范围，同时将网格设置为1500毫米×1500毫米，得出大西坝村街巷空间视域连接值分析图。（图3-17）

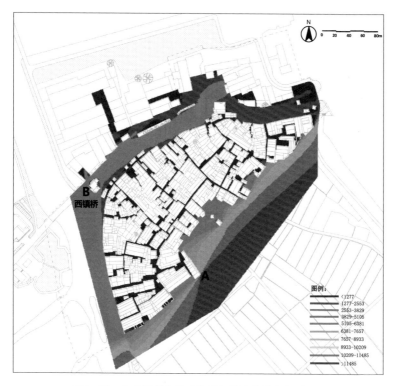

图 3-17　大西坝村街巷空间的视域连接值分析图示 1

从图中冷暖色调的分布情况可以看出，连接值普遍较高的区域为大西坝村东南面的市民农园、停车场及大片农田的区域，连接值高的区域说明该区域的通透性好，视域范围更广。其中 A 点所处的位置连接值最高（连接值为 12761），该位置西北角有大片二层建筑的遮挡，视域受限，但东面及南面视野开阔，分布着广袤的农田，有着良好的空间视域。另外，图中 B 点所处的西镇桥，视域连接值也相对较高。大西坝村沿河一侧为弧形边界线，位于西镇桥可以看到整个大西坝河的自然景观，也能看到临河长街的建筑立面，观景体验较佳。对于临河长街而言，沿河街道及河埠头空间，景象开阔，适宜游憩和观景。而村落内部二级、三级巷弄的视线连接度较低，源于其步行空间的尺度较小，街巷两旁的建筑对行走在街巷的人群视线阻隔较大，同时街巷空间转折较多，极易出现密闭区域，形成视线遮挡。

接着将街巷空间的计算范围进一步缩小至大西坝村边界处，只保留村落内部街巷、市民农园及绿化带范围区域，同样将网格设置为 1500 毫米 × 1500 毫米，来进一步分析视域连接值的变化情况。如图 3-18 所示，由于去掉了农田，视域连接值最高部分转移至市

图 3-18　大西坝村街巷空间的视域连接值分析图示 2

民农园及停车场区域，这些区域的空间最为开阔，与多个入村巷口相连，形成较大的转折过渡空间。

（二）视域聚集系数分析

视域聚集系数表示空间边界在视觉方面限定效果的强弱。聚集系数的值越高（图示中表现为红色、黄色等暖色系），就表示这个空间元素受到周围的遮蔽越强烈，可能在其周围存在过多的实体建筑。如果在该空间范围内活动，则可以极大地扩展视线范围。反之，当聚集系数值越低（图示中表现为蓝色、湖蓝色等冷色系），则表示这个空间元素受到的遮蔽越弱。如果在该空间范围内活动，那么视线范围不会产生太大变化。这个量化指标常被用在建筑空间氛围感的塑造上，通过空间的遮蔽性变化，可以营造开阔或压抑的视觉空间。如图3-19为大西坝村街巷空间可视层聚集系数分析结果。观察图示可以发现，村落整体区域呈暖色较多，聚集系数相对偏高，这意味着村落的空间遮蔽性较高，有较强的围合性和领域性，呈现出内敛的空间氛围。村落外围整体聚集系数偏高，南侧及西侧比较开阔的凸空间及巷口的转折区域，受到沿街建筑的遮蔽，视域遮蔽性也较强。在村落内部，出现明显视域遮蔽性较弱的区域在7、9两处街巷节点，节点9宽度达到4200毫米，节点7宽度约为5500毫米。实际上，包括7、9在内的街巷交汇口，均是视域遮蔽较弱的区域（蓝圈区域）。原因在于此处的视线可向更多方向、更远距离扩散，而在其范围内移动还是会受到街巷两侧建筑的遮挡，未能扩大视野。而这也说明了街巷交叉口的战略地位，可以同时兼顾到多处街巷的情况，具有安全监控的意义。这也意味着在

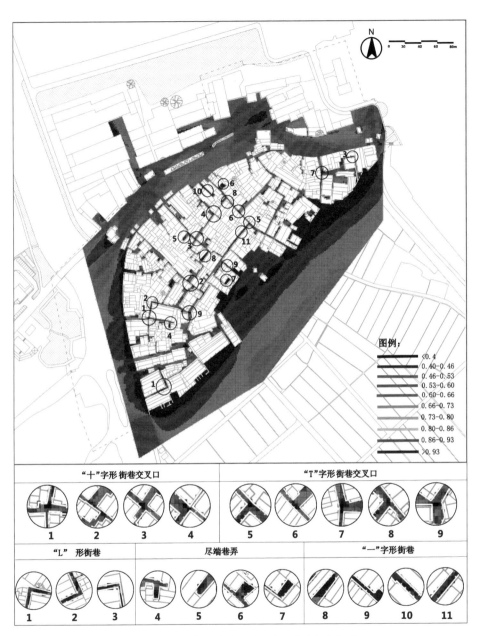

図例:

| | |
|---|---|
| | <0.4 |
| | 0.40-0.46 |
| | 0.46-0.53 |
| | 0.53-0.60 |
| | 0.60-0.66 |
| | 0.66-0.73 |
| | 0.73-0.80 |
| | 0.80-0.86 |
| | 0.86-0.93 |
| | >0.93 |

"十"字形街巷交叉口

1 2 3 4

"T"字形街巷交叉口

5 6 7 8 9

"L"形街巷

1 2 3

尽端巷弄

4 5 6 7

"一"字形街巷

8 9 10 11

图 3-19　大西坝村街巷空间的视域聚集系数分析图示

这些节点处设置提示内容，有助于街巷的行人获取更多的空间信息。尤其在"十"字形街巷节点中，十字中心面向四周拥有相对开阔、深远的视野，当人们从周边街巷向十字中心节点移动，视野逐渐增大，视线遮蔽感随之减弱，加之信息提示，可以获得豁然开朗的空间体验。在"T"字形街巷中，交汇处的节点空间具有同样的战略意义。

其他"一"字形街巷空间、"L"形街巷中的直线段以及尽端巷弄的聚集系数值最高（如图 3-19 中红圈区域）。在"一"字形街巷空间中，两侧建筑狭长的封闭界面将人群的视线方向挤压至与步行方向平行，同时受到视线方向的界面遮挡。这些区域对于街巷中其他区域空间信息的获取难度较高，这意味着领域性强，空间开放程度低。在"L"形街巷中，转折处的聚集系数偏低，原理等同于交汇路口，而其相互垂直的街巷段，视觉限定效果则较强。尽端巷弄部分进深较深，受三面建筑界面的限定，类似凸空间，私密性最好，领域感最强。

# 第四节　研究结论

本章借助空间句法分析模型对大西坝村街巷空间进行定量分析。首先运用轴线分析法对村落整体和线性空间形态进行了深度解析，结合集成度、选择度、可理解度等句法变量，定量地描述大西坝村空间形态特征以及内在的社会逻辑，深入探讨了街巷空间与村民活动、交往行为的互动关系。在此基础上，引入视域模型分析了村落公共空间视域特征及行人的空间体验。最后结合空间句法的各项指标与实地调研的比对结果，归纳出大西坝村街巷空间的结构与形态特征。

第一，街巷系统具有较高的整体集成度与空间渗透性，空间组织清晰且过渡性良好，表现为"一轴五廊"的空间结构。一轴即临河长街，也是规划中的运河文化体验轴；五廊则依托五条历史街巷，呈现运河村落的传统风貌与历史底蕴。同时，临河长街与村南外环道路成为村落边界，以"梭"形逐渐内聚、渗透。集成度最高、可达性较好、视域环境通畅的区域集中在临河长街、对外道路及村落东北侧的大弄。另外，街巷空间活力中心的具体分布表现为：东南侧大弄和普度庵一带以及西北侧临河长街上凉亭区域活力较高，而西南侧街巷内部活力较低，这与街巷空间的用地类型、开放程度以及人文因素等均有密切的关系。

第二，临河长街作为运河文化体验轴，集成度与穿行度重叠，始终保持着较高的集聚与穿行潜力，而且街道视线通透、视域范围较广。沿河的水利工程设施、公共建筑等文化遗迹丰厚，极具滨水性文化景观的开发潜力。可以说，句法运算与实际调研结果高度一致，临河长街可成为弘扬运河文化，村民、游客生态休闲、寓教于乐的具有特定意义的理想场所。

第三，除大弄之外的历史街巷、西南侧的街巷空间以及深入民居的巷弄，普遍存在界面凌乱、街道狭窄、活力不足等现象，句法计算的集成度、选择度也都处于较低水平。除了居住区的领域性、私密性需求，计算结果客观地反映了当下街巷空间曲折、狭窄、不连通、公共空间不足的现状。

第四，大西坝村可理解度与协同度均处于较高水平，源于其空间组织清晰，街巷串联与人流量分布正相关，除了居民以外，对于外来者的空间体验也较为友好。

　　综上，村落的保护与发展，重在保持村落固有的整体空间形态和地域文化氛围。句法构型的方法揭示了空间形态的特征，更挖掘出了空间与人的行为活动的关系。可以说，空间句法是综合空间形态特征与空间行为的分析，这一量化分析方法对传统村落的保护与可持续发展具有重要的意义。

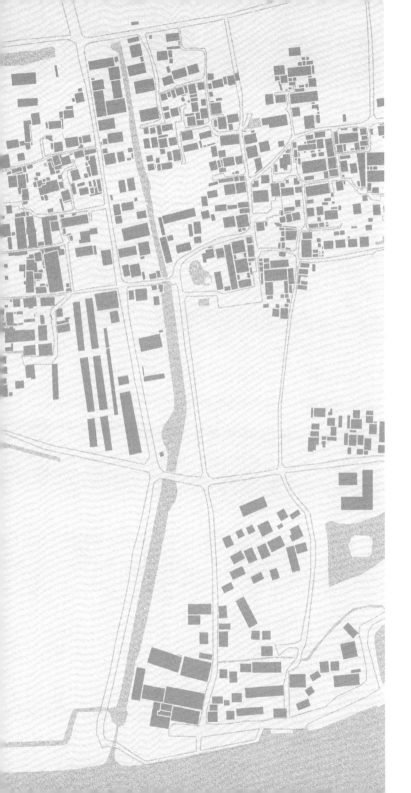

第四章

半浦村公共空间调研报告

# 第一节　地理环境和历史渊源

## 一、地理环境

半浦村现隶属宁波市江北区慈城镇管辖，地处慈城镇西南部，位于东经 121°43′、北纬 29°93′。村庄距离宁波市中心 18 千米，村域面积达 2.4 平方千米，其中耕地面积约 1.7 平方千米；半浦村三面环水，南临余姚江，与海曙区高桥镇隔江相望，北面与古县城慈城相距 6 千米。半浦村是姚江北岸的古渡口，古时四水环抱，河湖交接，依山傍水，地灵人杰，是慈城镇地理意义上的南大门和水上门户，也是南北向"山—城—江"空间发展轴上的重要节点。近年来，随着慈城新城和宁波城西港的建设，半浦村的交通条件逐渐改善，距离杭甬铁路和高速公路近在咫尺。[1]（图 4-1）

---

[1]　参见王益澄、陈芳、马仁锋、叶持跃《宁波历史文化名村保护与利用研究》，浙江大学出版社 2019 年版，第 77—78 页。

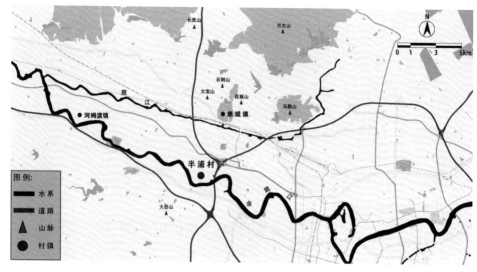

图 4-1　半浦村区位图

## 二、历史渊源

半浦村历史悠久，人文荟萃，地理环境优美。村名在历史进程
中亦随之而变，据半浦村"郑氏宗谱"记载，自南宋至民国初，曾
有"鹳浦、灌浦、官浦"之称。

半浦古称"鹳浦古渡"。因江畔、田中时有鹳觅食嬉戏，鹳
是大型涉禽，似鹳似鹭，为吉祥之鸟，近而是浦，于是先贤雅称
"鹳浦"。

半浦亦称"灌浦"。据清郑梁《半浦考》："半浦，俗称鹳浦，
谓取灌溉之义"。明陈敬宗在《江郊渔牧记》中亦称"灌浦"，而
"灌"与"官"两字谐音相近，加之史料记载灌浦村明清二朝为官

者甚多，所以在清时有"灌浦""官浦"之称。清末民国时期，村庄定名为"半浦"。相传由于"灌"字太繁，"半"字简明易写，自然形成习惯。总之，"鹳、灌、官、半"四字谐音相近，赐其名有其历史原因，亦有人为因素，新中国成立后确称为"半浦村"。这就是半浦村村名的由来，村庄发展至今已有 800 多年的历史。[1]

半浦作为一个自然聚落，历史可追溯至春秋战国时期。先秦时，半浦位于古越句章县境内，句章县在秦汉时属会稽郡（今绍兴）。唐开元二十六年（738）句章始改为慈溪，此后半浦一直归属于慈溪。五代至清代近千年间，慈溪县内设五乡，半浦属于西屿乡。1949 年半浦村归慈溪县丈亭区赭山镇，1950 年为宁波地区慈溪县城关区半浦，1954 年归余姚县，此后又历经数次辖区变化，现划归宁波市江北区慈城镇管辖。

## 第二节　半浦村空间形态的生长更替

传统村落的发展具有随时间积淀的特点，半浦村也不例外。通过对半浦村宗族姓氏的脉络研究以及现场勘测，笔者将半浦村空间形态的发展过程大致分为五个阶段：定居阶段、发展阶段、繁荣阶段、衰落阶段和复兴阶段。

---

[1]　参见《宁波市慈城镇半浦村志》2021 年版，第 31—34 页。

## 一、定居阶段（春秋时期至南宋后期）

相传东周时就设有半浦渡口，因为良好的地理位置、自然环境以及航运需求，在渡口边（今村南部、姚江边）逐渐聚集了人口，形成了一定规模的自然聚落。

南宋建都临安，浙东运河成为当时重要的航运河道，半浦渡口便成为浙东运河中姚江段的古渡口之一，即宋《宝庆四明志》上记载的"鹳浦渡"。为了沟通慈江与姚江，宋代开凿了人工运河——刹子港，半浦渡是离刹子港最近的渡口，也是船只由姚江去往宁波的转行枢纽。正是因为渡口是早期半浦聚落的核心和灵魂，才吸引了航运、商业、服务业等各种行业人口聚居，并且这些业缘群体集中占据紧靠姚江的空间领域，沿着岸线数百米的长街（今渡头街）铺陈开来，街边建起店铺和房屋，直至北部陆上的河槽。

具体来说，南宋早期，郑氏家族有一支迁入半浦，并且占据河槽以北的土地，建起名为衍庆堂的家族祠堂，与河槽对岸的商业群体分域而居。据清光绪十八年（1892）的《浙江·慈溪郑氏宗谱》（七卷）记载，南宋后期，郑氏的另一支从福建迁居半浦，这一支郑氏族人占据离姚江北部相对较远的地方居住建设，并且修建佑启堂作为其地权标志。由于同宗同族和南部遭遇水灾，衍庆堂被毁后，两支郑氏族人逐渐融合发展，空间上混居，逐渐形成一个范围较大的以佑启堂为权威标识、与河槽以南渡头街相区分的居住空间领域。（图4-2）自此，半浦村形成了前市（渡头街市）后村（民居建筑）的雏形。[1]

---

[1] 参见殷楠《基于产权关系的传统村落保护研究》，硕士学位论文，华中科技大学，2016年，第58—59页。

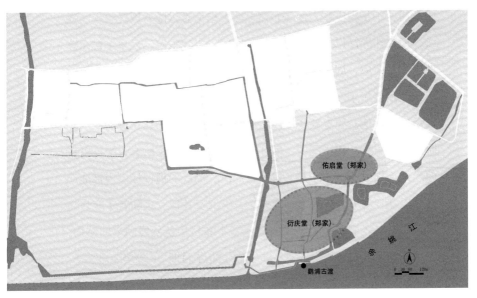

图 4-2　半浦村定居阶段平面图

## 二、发展阶段（南宋后期至清康熙年间）

从南宋后期直至清康熙年间，半浦村一直都是以郑姓为主要姓氏的村落。为了加强"村"和"市"的联系，村民从水、陆两方面进行交通建设，挖凿灌江，连接渡头街市和主体村庄。元明时期，后人郑毓在村北的灌江西侧建复训堂，郑氏一族开始由南向北跨越式发展。据《半浦郑氏家族宗谱》记载，清康熙以前，灌江东还建有郑氏家族宅院。于是，郑氏逐渐占据了姚江北岸与灌江以西的空间，形成了两个聚居单元。

到康熙年间，慈溪周氏十三世祖周衡因娶半浦郑氏女为妻，迁

居半浦，于是周氏族人便开始在半浦繁衍生息。随着周氏宗族的强
盛，周家在灌江以东的土地上购置族田，兴建宅院，最早于村东建
塘路墩。此后，周家子孙在村内修建周家祠堂作为所有权的确权标
志，逐渐聚居于灌江之东。与此同时，郑氏族人因家族势力削弱而
慢慢退出此地，原本整体郑氏所有的土地以灌江为界一分为二。此
阶段，在主体村庄范围内，灌江以西的土地为郑家所有，灌江以东
的土地为周家所有。于是，村落以郑氏、周氏的地权标志为标准形
成了以灌江为分界的河西、河东以及江北三片区，水陆骨干交通在
联系三片区的背景下修建，构建起了半浦村稳定发展的空间结构，
村落也由此发展起来，并进一步走向了繁荣时期。（图 4-3）

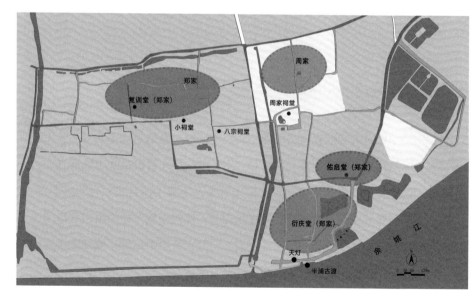

图 4-3 半浦村发展阶段平面图

## 三、繁荣阶段（雍正初年至清末民初）

徐兆昺的《四明谈助》中称，半浦"有郑氏世家，藏书最富"。据徐嵩《二老阁记》和《郑氏家谱》卷十四记载，康熙六十年（1721），郑氏子孙郑性为纪念黄宗羲和郑氏祖父郑溱，开始修建一座私家藏书楼，名为"二老阁"，于雍正元年（1723）完工。并且，通过古渡口运送黄宗羲藏书三万余卷，四方学者求学多至半浦，促进了半浦与外界的交流[1]；咸丰初年，郑氏族人郑显煜、郑显泰两人重举义捐大旗，多次为半浦渡口捐助义田、筹集资金、增添渡船、重筑渡口，在姚江两岸渡口各置天灯，并开辟了半浦至宁波等地的客运航线，促进村落的繁荣[2]；咸丰末年至同治时期，原世居鄞地的孙氏家族迁居半浦。孙衡甫幼年在佑启堂私塾读书，后从商发家，于是捐资建设半浦小学；清末民初时期，村落开始设置半浦码头，开辟至宁波外滩、余姚等三条客运航线，渡口逐渐形成可以进行商品交易的渡头街集市。当时除了沿街店铺的日用品贸易之外，还有茶叶交易，村庄西北处的茶栈就成为中转茶叶和商旅休息的场所。

可以说，在这个时期，水系、半浦渡口与村内各个场所节点连接，构成了一个完整的水运体系，连同商铺、庙宇等公共建筑以及运河景观和水利工程设施等丰富了村落的空间层次，成为半浦村繁荣时期的物化载体。（图4-4）

---

[1] 参见骆兆平、洪可尧《二老阁始末记》，《图书馆杂志》1984年第2期。

[2] 参见许广通、何依、殷楠、孙亮《发生学视角下运河古村的空间解析及保护策略——以浙东运河段半浦古村为例》，《现代城市研究》2018年第7期。

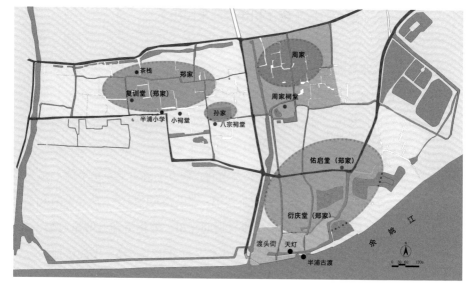

图 4-4　半浦村繁荣阶段平面图

## 四、衰落阶段（20世纪20年代至70年代）

由于历史原因，半浦村在 20 世纪 20 年代至 70 年代处于衰落阶段。新中国成立前主要是因为受到战乱的影响；新中国成立后，50 年代的土地改革改变了半浦村的产权关系，村落中的祠堂、庙宇、公堂等都归集体所有。传统时期的半浦村公共建筑虽然是"集体"性质，但实际上归属于某个群体，并且这一群体对维护所属的"公产"都会投入人力或财力去保护、修缮。土地改革后，这部分"公产"全部归集体所有，因此，对公共建筑的维护力量随之削弱，使之被改建、弃置或摧毁，导致村落公共空间的衰落。①

---

① 参见殷楠《基于产权关系的传统村落保护研究》，硕士学位论文，华中科技大学，2016 年，第 67—68 页。

与此同时，随着陆路交通快速发展，水路交通日益衰落。20世纪60年代，姚江大闸的修建改变了区域的水环境，姚江水位开始下降并影响航运，于是水上商业贸易逐渐走向衰落，作为水运枢纽的半浦渡也因此丧失了历史地位。村庄随之修建起陆路交通，在村落北侧形成入口场所，并与公交场站、中心绿地等节点共同构成陆运体系，彻底打破了原先河运体系自成一体的整体性。（图4-5）渡头街虽空间犹存而功能不在，环绕村庄的水系局部也被填埋，中转茶叶、供商旅休息的茶栈仅剩下居住功能，整个村落开始失去与外界的联系而呈现松散化与模糊化的空间状态。①

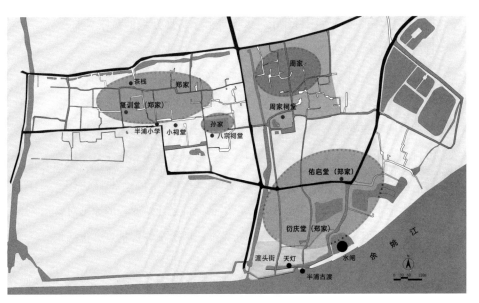

图4-5　半浦村衰落阶段平面图

① 参见许广通、何依、殷楠、孙亮《发生学视角下运河古村的空间解析及保护策略——以浙东运河段半浦古村为例》，《现代城市研究》2018年第7期。

## 五、复兴阶段（20 世纪 80 年代至今）

20 世纪 80 年代改革开放后，半浦村划入宁波大市管辖，开启了村落的复兴之路。进入 21 世纪，半浦村的发展更为迅速：2005年被评为宁波市市级历史文化名村；2008 年被评为宁波市十大历史文化名村；2016 年被评为浙江省省级历史文化名村。

具体来说，2001 年 4 月起，江北区在慈城镇包括半浦村在内的四个村启动了乡村建设。据当地相关负责人介绍，江北区的乡村建设结合各村具体情况，因地制宜，注重挖掘历史文化、彰显人文景观。通过对村级道路改造升级、历史古迹修复、绿化景观布置、村庄整体环境整治等项目建设，大大提升了村庄建设的整体水平，打造出特色鲜明的美丽乡村。

2006 年由宁波市规划设计研究院编制半浦村保护规划。规划通过对半浦村各类文物古迹及历史街区的实地勘测，在全面调查半浦古村的历史变迁，综合分析半浦古村的历史特色，深入挖掘半浦古村的文化内涵的基础上进行编制，对古村风貌建筑和传统空间格局提出了保护与更新的模式：修复、整修、保留、改造、拆除。在这些措施下，政府启用资金投入，以尽量保持老建筑原貌的原则对古建筑进行修缮，并且划定了已公布批准的区级文物保护点，包括孙家、中书第、半浦小学等共计 24 个。

2011 年 3 月，江北区政府正式提出"江北区美丽乡村"发展规划的框架，主要为"一街串三区，环水流其中，景点随处有"①，

---

① 参见王益澄、陈芳、马仁锋、叶持跃《宁波历史文化名村保护与利用研究》，浙江大学出版社 2019 年版，第 83—84 页。

以下稍做简析。

其一，"一街串三区"。孙家弄一街，串联三片主题景观区。中央景观区：体现半浦的商贾文化，它包含了孙家、九间头、五间头等文保单位，同时还规划拟建一处民俗文化展示馆和中央水景。"寻常人家"主题区：以几处典型的传统民居为主体，主要展示半浦古村的传统生活景象，以腌制店等生活性商铺为辅进行点缀。它包含了塘路墩、周家四扇墙门等文保单位。"古村遗风"主题区：通过传统商业店铺买卖的情景，展示当年半浦古村大族的历世聚居及兴文重教的风气。它包含了半浦小学、中书第等文保单位及郑家大祠堂遗址。

其二，"环水流其中"。包括现在的环村河和规划恢复的西侧环村河两条水系。环绕整个半浦古村核心区的河道，丰富了半浦古村的内部空间环境。

其三，"景点随处有"。半浦古村历史底蕴丰厚，结合建筑可以规划成景点。在整个半浦村由东至西分布塘路墩、周家、周家四扇墙门、前八房、周氏祠堂、五间头、九间头、孙家、益丰门头、中书第、半浦小学、九房、朱西门头、陆善堂、和庆堂等。另外，古建筑之间形成的街巷空间可以感受到古村的传统风貌和文化魅力。

2020 年，半浦村启动村庄品质提升工程，开始对村庄空间重新布局，乡村环境面貌得到显著改善。

## 第三节　半浦村公共空间的构成形态

从半浦村的图底关系可以看出，与大西坝村相似，村落公共空间主要由建筑院落和街巷空间拼合而成，两者互为图底关系。（图4-6）本节将从村落建筑空间形态和街巷空间形态两个方面研究半浦村的公共空间。其中街巷空间依然作为研究重点，细分为交通空间、水系空间和节点空间。

### 一、建筑空间形态

半浦村在历史上是集"官、商、农"三位一体的村落，因此历

图 4-6　半浦村图底关系

史文化遗产类型丰富。通过文献资料整理和现场调研，村落现有传统建筑的建造时间主要集中在清末民初时期，少量为清初。总的来说，古建筑部分保存较为完好且依旧保留着传统风貌，古老的山墙、砖雕的门楣、花样各异的木格窗等历史痕迹都还显现着古宅当年的气派。但也有不少老建筑破损严重，加之违章搭建，少量已损毁消失。半浦村的建筑空间形态可分为民居建筑、公共建筑和水利设施三类，现存的传统建筑中，民居建筑占绝大多数。除此之外，在公共建筑中，信仰建筑3处（周家祠堂、郑家祠堂、老安仁庙），文化建筑1处（半浦小学，亦称半浦园），水利设施1处（半浦渡口），详见表4-1。

表4-1　半浦村文化遗产列表

| 建筑类型 | 建筑名称 | 年代 | 文保级别 | 数量 | 备注 |
|---|---|---|---|---|---|
| 民居建筑 | 半浦大屋 | 清 | 区级文保点 | 20 | |
| | 老房 | 清 | 区级文保点 | | |
| | 陆善堂（和庆堂） | 清 | 区级文保点 | | |
| | 前新屋 | 清 | 区级文保点 | | |
| | 孙家 | 清 | 区级文保点 | | |
| | 塘路墩 | 清 | 区级文保点 | | |
| | 中书第 | 清 | 区级文保点 | | |
| | 朱西门头 | 清 | 区级文保点 | | |
| | 老高墙 | 清 | 区级文保点 | | |
| | 九间头 | 清 | 区级文保点 | | |
| | 五间头 | 清 | 区级文保点 | | |

| 建筑类型 | 建筑名称 | 年代 | 文保级别 | 数量 | 备注 |
|---|---|---|---|---|---|
| 民居建筑 | 后八房 | 清 | 区级文保点 | 20 | |
| | 周家 | 清 | 区级文保点 | | |
| | 九房 | 清 | 区级文保点 | | |
| | 前八房 | 清 | 区级文保点 | | |
| | 益丰门头 | 清 | 区级文保点 | | |
| | 周家四扇墙门 | 清 | 区级文保点 | | |
| | 周家前后进 | 清 | 区级文保点 | | |
| | 郑保华宅 | 清 | 三普登记单位 | | |
| | 茶栈 | 清 | 区级文保点 | | 商住 |
| 信仰建筑 | 周家祠堂 | 清 | 区级文保点 | 3 | |
| | 老祠堂郑家 | 清 | 区级文保点 | | 遗址 |
| | 老安仁庙 | 清 | 区级文保点 | | |
| 文化建筑 | 半浦小学（半浦园） | 民国 | 区级文保点 | 1 | |
| 水利设施 | 半浦渡口 | 清 | 省级文物保护单位 | 1 | 渡口处的灯柱为区级文保点 |

将所有现存的并且具有传统风貌的古建筑在总图上标出后（图4-7），可以看出大多数的民居和祠堂集中在村落的西部。这主要是由于清代康熙以前，郑氏作为最大的姓氏族人，将建筑修建在村落西部，成为其居住地，村东则主要为周氏族人的居住地。

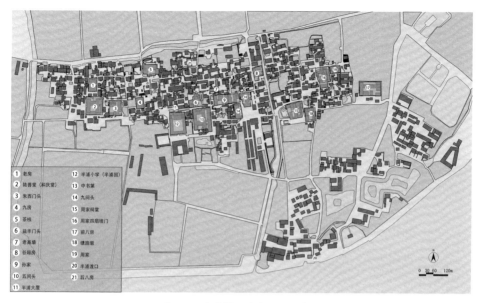

| | | | |
|---|---|---|---|
| 1 | 老房 | 12 | 半浦小学（半浦园） |
| 2 | 陆善堂（和庆堂） | 13 | 中书第 |
| 3 | 朱西门头 | 14 | 九间头 |
| 4 | 九房 | 15 | 周家祠堂 |
| 5 | 茶栈 | 16 | 周家西墙境门 |
| 6 | 益丰门头 | 17 | 前八房 |
| 7 | 老高塘 | 18 | 塘路墩 |
| 8 | 谷顺房 | 19 | 周家 |
| 9 | 孙家 | 20 | 半浦渡口 |
| 10 | 五间头 | 21 | 后八房 |
| 11 | 半浦大屋 | | |

图 4-7　半浦村现存传统风貌建筑

## （一）民居建筑

旧时半浦村有"半浦大地方，三庙六祠堂"之说，是房屋和道路比较规整的慈南一村。调研发现，半浦村现存的传统民宅具有典型的江南民居特色，二层正屋和单层偏屋的布局比较规整。大多是一座宅院几户人家，占地少则几百平方米，多则一两千平方米。随着半浦村落空间的生长更替，民居建筑群从整体上看有新旧风貌重叠的特色。近几年，当地民众对有些半浦村传统民居进行了修缮，修缮后的民居更凸显了传统建筑的营造智慧与历史魅力。一是建筑材料大量使用宁波当地的石材。天井、檐廊、檐下步道等地面都由石板、石条铺设。二是楼房多用双重屋檐，前后屋檐形成檐廊和檐下步道。作为室内和室外之间的过渡地带，檐廊既无室内空气不流通、光线昏暗之短，也无室外风雨日晒之弊，是人们日常起居的主要场所。檐下步道可使人在宅院内走动时，不用顾虑下雨时带来的不便。三是天井，它可深至十余米，浅至一二米，中大型宅院会有多个天井散布在屋前屋后。天井可以让居民在宅院内与自然亲密接触，也可以用来晾晒衣物、采光纳凉。共用的大天井又是邻里相互往来、家务劳作、和谐相处、充满生活气息的场所。①

半浦村传统民居院落的单元类型主要有"H"形、"∏"形和"口"形，宁波人俗称"老墙门"。中书第是典型的由"H"形平面单元纵向组合后形成的二进式老墙门。（图4-8）作为清中晚期宅第建筑，中书第建筑规模较大，占地面积为3777平方米。现存建筑布局基本完好，坐北朝南，建筑主体分门楼、二门、前厅、东西厢房、三门、后进、左右厢房，东西各有偏房。门楼三开间，硬山顶，抬梁穿斗混合结构，进深三柱五檩，前施飞檐，中柱前后各为双步梁。前厅三开间楼房，重檐硬山顶，前后置廊，进深七柱九檩，抬梁穿斗混合结构，用材硕大，部分建筑构建雕刻精美。②后进结构布局与前进类似。

---

① 参见《宁波市慈城镇半浦村志》2021年版，第93—94页。
② 参见半浦村"中书第建筑简介"资料。

图 4-8　中书第平面图示及实景图

　　此外，半浦村的茶栈兼具商住的功能。（图 4-9）该院落是一处清末时期的建筑，如前文所述，在历史上作为茶商中转茶叶、休息住宿的居所。茶栈坐北朝南，占地面积约 543 平方米。建筑北部靠近护村河，西临街巷，方便通往一级道路，交通及运输相对便利，于是成为茶商休息及处理茶叶事务的理想场所。茶栈现存建筑由入口楼门、正厅和东厢楼组成，建筑布局呈三合院式。楼门为单开间，硬山顶，进深二柱三檩，采用双月梁步架。正厅为三间二弄，重檐硬山顶楼房，前置檐廊，明间为抬梁穿斗混合结构，中柱前后各置双步梁，月梁单步和后双步梁，进深七柱十檩。东厢楼为三开间，前置廊，重檐硬山顶楼房，进深七柱九檩，抬梁穿斗混合结构。[①] 西厢房和东偏房被毁，西厢房原址上建造的现代建筑破坏了院落的传统肌理，东偏房原址上则有搭建的零星建筑。

---

① 　宁波文化遗产保护网（http://www.nbwb.net/）。

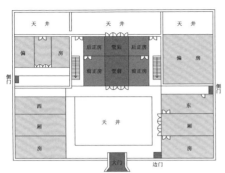

图 4-9　茶栈平面图示及实景图

（二）公共建筑

传统村落的公共建筑主要有庙宇、祠堂和书院等。其中，宗祠作为宗族村落的象征，是宗族文化的物质载体，集中反映了当地居民的精神信仰和族群意识。可以说，半浦村的历史文化底蕴十分深厚，自宋代以来各大家族历世聚居，先后修建祠堂作为地权的象征。旧时半浦村有三庙（三星阁、前安仁庙、后安仁庙）、六祠堂（其中郑氏祠堂有复训堂、佑启堂、佰宗祠堂、小祠堂、廉本祠堂，周氏祠堂有惇德堂）和半浦小学，而现存的仅有后安仁庙、周家祠堂和半浦小学。

基于此，首先以周氏祠堂为例，对半浦村的信仰空间进行简析。（图 4-10）周氏祠堂坐北朝南，由门楼、正厅、后进和西偏房组成，为建筑三进，院落二重，占地面积 1495 平方米。现存建筑为清晚期传统祠堂风格，门楼为硬山顶的三开间，前顶为船篷轩，

图 4-10    周氏祠堂平面图示及实景图

木构件雕刻精细，梁架采用抬梁穿斗混合结构，明间进深五柱七檩；正厅为三开间，硬山顶，前置廊，施飞檐，船篷轩顶，明间抬梁结构，进深五柱九檩；后进为三开间，硬山顶，重檐楼房，前置廊，明间抬梁结构，进深六柱九檩。作为当地典型的宗祠建筑，周氏祠堂是半浦村现存较为完好的传统建筑之一。新修缮后的周氏祠堂把旧的立柱和原有的材料利用上，并且将木楼梯、木栏杆还有木窗棂都漆成棕红色，由此，白色粉墙、深色黛瓦与棕红的柱子形成一个整体，使周氏祠堂显得颇有些规整与气派，也成为了当地居民休闲娱乐的活动中心。①

　　继而分析村中的文化建筑——半浦小学。（图 4-11）半浦小学位于半浦村的西南面，始建于 1921 年，1926 年建成，由时任民国

_____

① 参见程旭兰、孙玉光《宁波古村落史话》，中国文化艺术出版社（香港）2009 年版，第 47—48 页。

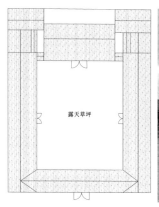

露天草坪

图 4-11 半浦小学平面图示及实景图

四明银行行长孙衡甫出资捐建。现存建筑坐北朝南，建筑整体为中西合璧的民国风格，布局呈"回"字形，四周均采用檐廊相连。整个建筑为青砖外墙面，外墙做出倚柱，门窗为拱券式，屋内梁架采用"人"字形抬梁结构。前楼正中开置大门，通排为七开间，硬山屋面，清水砖墙面"人"字形梁架；东西两侧均为教室用房，后楼为硬山式的五开间，采用砖混结构，楼房前置檐廊，二楼檐廊置木质护栏。半浦小学是目前村内唯一遗存下来的民国时期的文化建筑，并且保存完好，因此具有较高的保护价值与研究意义。[1]

## 二、街巷空间形态

村落的街巷空间是在历史的演进中逐渐形成的，作为村落中最

---

① 宁波文化遗产保护网（http://www.nbwb.net/）。

能体现传统与地方特色的公共空间，是村落空间的精华所在，它不仅是居民生产生活中的重要区域，也是人们感知空间的重要场所。可以说，村落的街巷空间不只是物质空间，更是容纳乡村生活，承载村民集体记忆的场所①。本小节将从形成街巷的交通空间形态、水系空间形态和节点空间形态来对半浦村的街巷空间形态展开讨论。其中交通空间形态包括了半浦村具有代表性的街巷界面，水系空间形态包含了具有运河文化价值的水利设施，节点空间形态包括街巷的交叉口空间、门洞空间以及民居入口空间。

（一）交通空间形态

作为交通空间的街巷道路系统，其形成也是一个逐步完善的过程。按前面章节的分级标准，半浦村现存街巷道路同样分为三个等级。（图4-12）第一级道路总体上环绕整个村子，形成一个闭合的不规则矩形，其中南北走向的文卫路将村庄一分为二，形成东西两个片区，一级道路的主要功能是将村落内部与外界进行沟通与联系；第二级道路南北走向、东西走向交叉分布，主要是联系各个宅院组团，形成村落内最丰富且最具有传统风貌的街巷空间，例如中书第东侧街巷、梅汝湖东侧街巷等；第三级道路是建筑与建筑之间的巷弄，与大西坝村一样，通常较为狭窄，只能满足"通过"功能，很少有容纳人停留、交流的空间。

---

① 参见马立群、董帅《村落街巷空间的更新改造研究——以二里村九曲巷为例》，《城市建筑》2021年第26期。

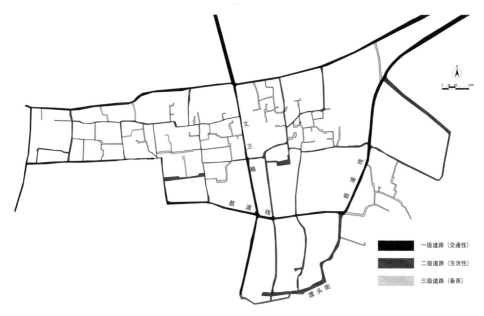

图 4-12　半浦村道路等级图

　　前文提及，空间是由界面围合而成的，界面的属性是这一空间
形态的重要内容，因此，对街巷空间界面构成模式的研究是研究村
落街巷的基础。街巷的界面是限定街巷空间的围合要素，一般包含
了道路底界面、建筑侧界面以及顶界面，由此组成线性的空间。笔
者通过对半浦村街巷空间的现场调研，对其界面构成进行了探索，
为后续村落街巷空间的句法分析奠定基础。

　　1. 底界面

　　街巷的底界面指的是地面铺装与相关设施，是空间物质活动的
基础。不同底界面的处理方式，在空间的界定、识别和尺度感等方
面有着不同的作用。作为行人活动直接接触的底界面，其与人的视
觉感受最为密切，对街道的活动方式和流线路径也有直接的影响。

半浦村的地面铺装现大多以混凝土为主，在历经美丽乡村与乡村振兴建设后，一些文化街巷与重要节点的地面铺装也随之修缮与更新。例如半浦小学与中书第门前的节点小广场地面，以规则的长石板进行铺装，与中书第外墙基的石板肌理有机相融，不仅体现出美观、和谐的文化传承意味，长石板也可以增加一种视觉的导向性。周氏祠堂前的地面铺装则是长条状的方青砖与不规则的冰裂状碎石板拼接组合而成，是对底界面的细分。（图 4-13）

（a）中书第东侧地面铺装

（b）孙家南侧地面铺装

（c）周氏祠堂门前广场地面铺装

（d）中书第门前广场地面铺装

图 4-13　半浦村街巷底界面示例

2. 侧界面

街巷侧界面主要由其两侧沿街建筑、院墙、花木或其他设施构成。作为竖向的界面，街巷侧界面既是内外空间物质意义上的分割界线，也是联系内外的要素，更是街巷空间形象最直接的反映，决定着街巷的整体风貌。通常而言，街巷空间的侧界面由街巷两侧的建筑立面来展现其特征。如墙体、门窗，以及临街的附加构筑等，往往在街巷中变化最多，包含的内容也最丰富。沿街建筑群的墙顶造型、门窗样式、材质色彩以及肌理质感等要素组合起来，形成街巷围合立面时，建筑的尺度、修建年代以及凹凸转折等变化都会使得街巷侧界面形成不同的风貌特色。

根据现场调研与数据整理，将半浦村中的街巷侧界面分为两种类型，一种是以体现传统建筑风貌为主的侧界面，另一种则刻画出新旧建筑体系融杂后的时空印记。（表4-2）在体现传统风貌的侧界面中，可以看出传统建筑外墙常用的石头、砖、碎瓦片等材质肌理，同时伴随着各式山墙如马头墙、观音兜以及民国时期的窗户样式与各类装饰线脚的出现。典型如半浦小学——中书第南侧界面、益丰门头——孙家南侧界面、陆善堂（和庆堂）西侧界面、半浦书画院北侧界面等。这些建筑都存在于村中传统风貌保护的集中区域，并在保护的基础上做了修缮，尤其在立面材质与形式的处理手法上，都体现出对村落传统建筑文化的尊重与传承。此外，对于新旧建筑体系融杂而成的侧界面来说，则是现代建筑穿插于传统建筑中。现代建筑采用新的建筑体系，以瓷砖或者涂料作为外墙面的装饰材料，与传统建筑质朴的韵味形成对比。还有些传统建筑的外墙面保留着历史风貌，而窗户、门等构件早已替换成现代样式，呈现出一种新旧交替的时代特征。这种融杂的侧界面，也带来了一种时空穿梭的特殊感受。例如渡头街的侧界面，半浦村的生成最初是以渡口作为起点，渡头街则是因渡口运输而生的贸易行为所形成的集市空间。从表4-2中的侧界面测绘图可以看到，虽然渡头街还存

表4-2　街巷空间侧界面

| 类型 | 样本 | 测绘图 |
|---|---|---|
| 以传统建筑风貌为主 | 半浦小学——中书第南侧界面 |  |
| | 益丰门头——孙家南侧界面 | 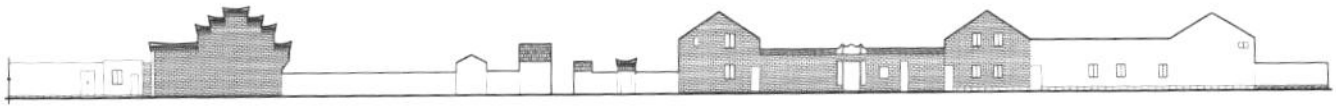 |
| | 陆善堂（和庆堂）西侧界面 | 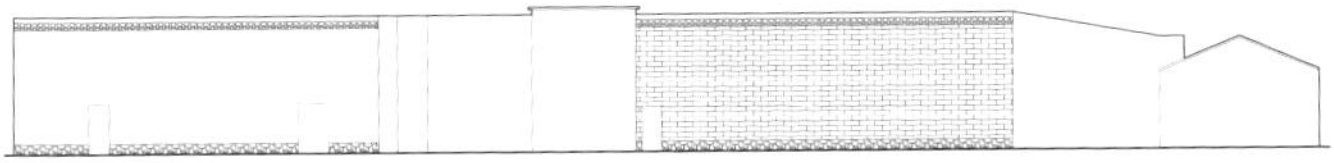 |
| | 半浦书画院北侧界面 | 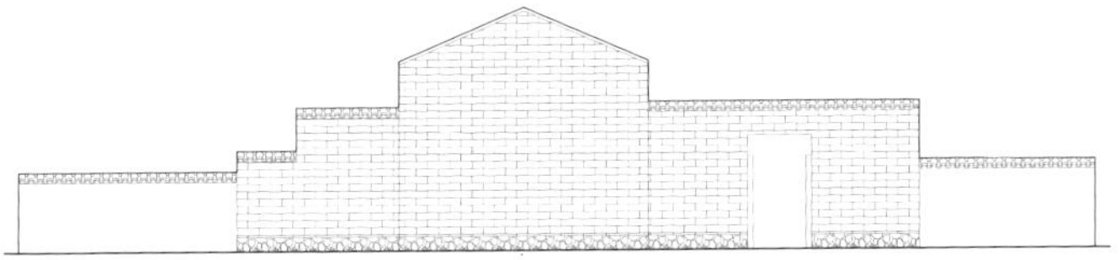 |
| | 中书第东侧界面 | 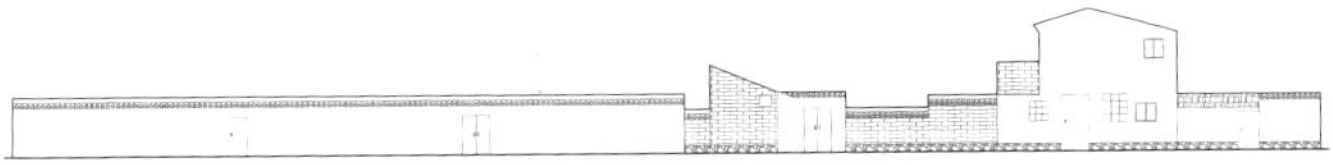 |
| 新旧建筑体系融杂 | 渡头街 |  |
| | 陆善堂——九房 |  |
| | 半浦文创园——二老阁 | 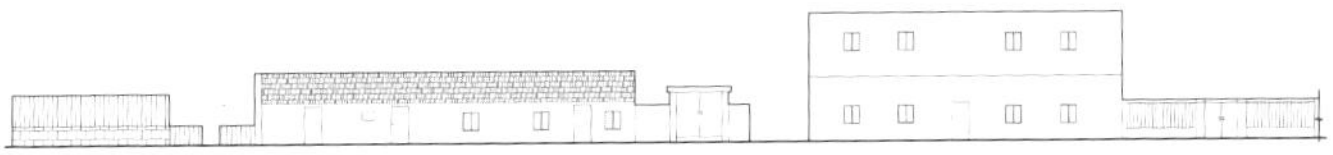 |

留一些传统的建筑，但更多是后建的现代建筑，或是经过改造后的20世纪五六十年代的建筑。渡头街最大的特色其实在于紧临姚江，这意味着街巷的一侧界面是开阔的江面，沿江的半浦渡口作为文保单位，也早已融于现代滨水景观之中。

3. 顶界面

顶界面常指街巷两侧的建筑檐口，错落有致的屋檐在天空的映衬下形成了街巷丰富的顶界面。一般来说，顶界面的构成包括三道轮廓线：一是建筑沿街面的顶部边缘、建筑屋顶和建筑山墙等；二是建筑的附属构造物比如加建扩建部分，又或者是标牌、横幅等；三是沿街绿化的顶部。根据现场调研结合美学视角，半浦村街巷空间顶界面的组合形式可简单分为对比式与并列式两种。（表4-3）

（二）水系空间形态

半浦村的水系空间形态以环形为主要特征，由姚江、护村河与堰塘构成。（图4-14）以西大河、卫生院河与灌江所形成的"Π"形水网，包裹住了半浦村的主体部分，护村河自北向南，最终流入余姚江。旧时，村落河流作为水路与陆路叠合，形成了半浦村水陆并行的交通网络。显而易见的是，半浦村作为浙东运河古村，有着深厚的运河文化底蕴，遗存有许多与运河水系相关的水闸、水浦、码头等水利工程设施，以及古桥、河埠头等与村民生活息息相关的设施，下面分别做简析。

表 4-3　街巷空间顶界面

| 类型 | 图示 | 特征 | 实例 |
|------|------|------|------|
| 对比式 | 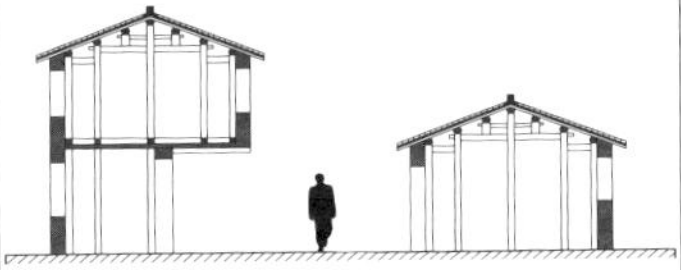 | 对比式表现在多个方面，如两侧建筑的高度、屋檐形状、面积等各方面均存在对比。这样的顶界面整体上会形成高低错落的天际线。 |  |
| 并列式 |  | 这种类型的顶界面通常形成于同等级别的两侧建筑，在尺度、风格上差别不大，形成一种均衡的并列关系。 |  |

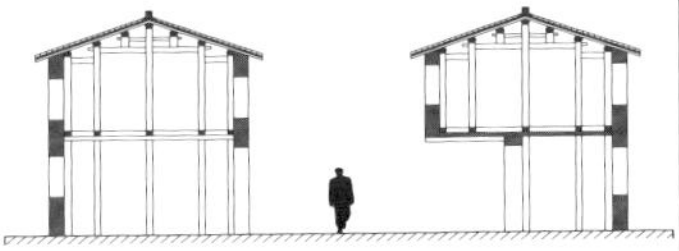

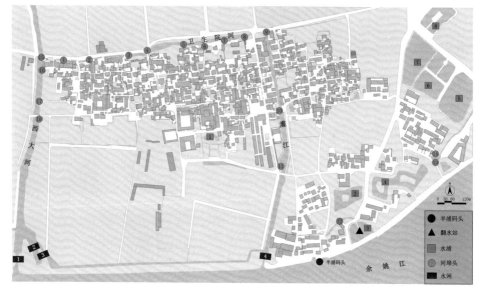

图 4-14　半浦村水系分布图

其一，渡口码头是体现水运特色的历史见证物，码头空间作为物资集中与转换的场所，既有临时囤积货品的作用，也是货品往不同航向分销的分流处，体现了整个村落在历史上所承担的水陆枢纽的职能。[1] 在农业经济时代，偏僻村落的陆路交通往往受到很大程度的限制，因而常与水运交通相连，成为了主导的交通方式。水陆换乘的码头是货品集散转运的集中点，也就成了村落沟通"内外"的场所媒介，既满足了商业货品的物流需求，也为村落的商业贸易提供了窗口。现存的半浦古渡以巨石砌筑，临江巨石在难以计数的

---

[1]　参见何倩《宁波集市型历史文化名村空间形态特征与保护策略研究》，硕士学位论文，华中科技大学，2018 年，第 48 页。

图 4-15　半浦渡口实景图

木渡船的反复碰撞下被磨平棱角，加之姚江水位的不稳定而导致的浸泡，渡口的石板逐渐变成与船体角度相吻合的斜坡。同时，与古渡相依的渡亭古庵、灯柱、石碑等都成为古渡不可分割的一部分，是古渡历史的最好见证物，古碑上面的石刻文字也成为考察姚江航运与村落传统文化的重要史料。（图 4-15）

其二，河埠头可以说是水乡的小码头。半浦村内河埠头分布较多，据现场调研后统计，共有 18 个，大多分布在灌江以西的村落。（图 4-16）河埠头可分为公用与私用两种，是必不可少的亲水媒介。如前所述，私用的河埠头一般都是建在临水民居，为了给人提供就近取水的便利，往往从民居建筑的临水面开一扇小门，向水面铺设台阶与平台，从而与水直接相连。私用河埠头在河道上往往交叉分布，曾是村民洗衣、洗菜、生活取水的主要场所。公用的河埠头类似码头，分布在与村落主街相连的河面上。古时的公共河埠头主要用于生活取水、出行和交易等。半浦村的公共河埠头较多，但

图 4-16 村内河埠头

早已不具备古时的功能。

其三，古桥是国人对传统水乡的固有印象，也是村落街巷中必不可少的连接与转折的节点。半浦村四面环水，村内部分建筑也分布在河流的一侧或两岸。桥作为沟通两岸的交通构筑物，是当地村民沟通外界、交通运输和生产生活的必经之路。统计发现，半浦村现有桥梁11座，可简单分为古桥与新桥。古桥顾名思义是具有传统的风貌并且承载历史记忆的载体。半浦村古桥的形态以梁式桥为主。（图4-17）梁式桥又称平桥，是以桥墩和横梁为主要承重构件而建造的一种桥梁。它的出现时间最早，是我国古代桥梁中最基本、最主要的一种类型，其形式简单、美观大方，洞口为规则矩形，实用性很强。[1]村落中的梅汝湖桥（编号①）、老房桥（编号②）、后八房桥（编号③）、集细桥（编号④）、平安桥（编号⑤）、迎宝桥（编号⑥）、晚桥头桥（编号⑦）都属于梁式桥。其中迎宝桥和平安桥横跨灌江，连通村落的东西两区，晚桥头桥横跨西大河与外界相连。虽然半浦村古桥的形式单一，但却凸显其质朴的一面，而且古桥不仅方便了村民的生活，为村民日常活动、交往提供了场所，还是村落乡土景观重要的构成要素之一，同时也是欣赏村落其他景观的理想场所。新桥主要分布在卫生院河上，作为居民日常生活的交通道路，一般都是后期根据生活所需而加建的，如图4-18中编号⑧、⑨、⑩、⑪所示。

---

[1] 参见施小蓓《宁波地区古代桥梁类型与特点探析》，《南方文物》2007年第1期。

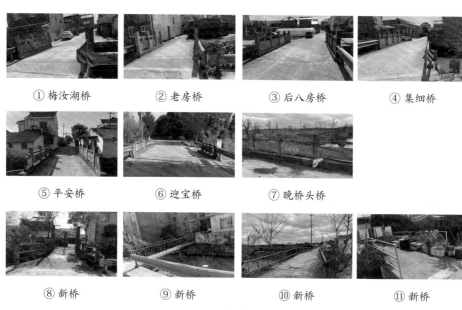

① 梅汝湖桥　　② 老房桥　　③ 后八房桥　　④ 集细桥

⑤ 平安桥　　⑥ 迎宝桥　　⑦ 晚桥头桥

⑧ 新桥　　⑨ 新桥　　⑩ 新桥　　⑪ 新桥

图 4-17　半浦村桥梁实景

（三）节点空间形态

　　节点不只是空间中的一个标志物或是一个空间组织，更是一种运用空间语言而产生的整体效果。传统街巷中的节点空间通常是整个村落中比较关键的地方，譬如街巷的交汇口、出入口。这些节点空间往往形式多样，通过界面的凹凸、转折或错落而产生了空间的局部放大，形成街巷的院场空间以及一些景观小节点等。因此，节点空间往往是当地居民日常生活交流的聚集场所，可以给置身于街巷中的行人带来优美的视觉体验和舒适的身心感受，从而成为活力的空间。与大西坝村一样，半浦村街巷的节点空间可分为三种：街巷交叉口空间、街巷门洞空间和住宅入口空间。

其一，半浦村街巷交叉口空间形态各异，如表 4-4 所示，可以看出村落内街巷交叉口空间主要有 6 种类型，其中占比较多的有 4 种。占比最高的为"丁"字形（占 56.7%），是村落街巷中最

表 4-4　街巷交叉口空间

| 类型 | A 型 | B 型 | C 型 | D 型 | E 型 | F 型 |
|---|---|---|---|---|---|---|
| 图示 |  |  |  |  | |  |
| 取样 |  |  | 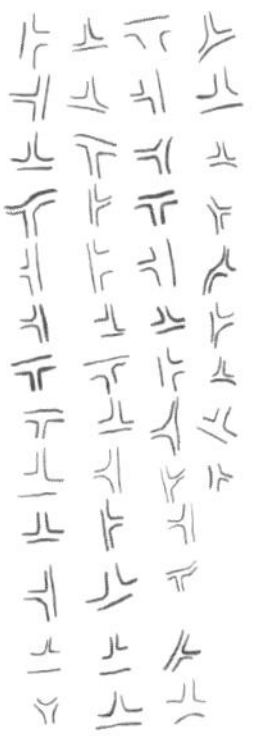 |  |  |  |
| 实景 |  |  |  |  |  |  |
| 占比 | 12.9% | 8.2% | 56.7% | 3.5% | 4.7% | 14.1% |

基本的交叉口形式。"丁"字形交叉能够使巷道形成封闭视线，但同时又可以在交叉口处形成对主街的视线聚焦，从而形成生动有趣的视觉体验。其次占比较大的是 F 型的路口转折空间（占 14.1%），主要出现在道路的转角处。如果处理恰当，这种交叉口可以成为人们从一条街道转到下一条街道时的缓冲区域，并且转折空间的信息提示也可以起到引导人流的作用。"十"字形交叉也是较常见的两街相交的形式之一（占 12.9%），除了保证四通八达外，"十"字形交叉有利于划分规整的地块，从而有利于传统村落中建筑与院落的整体布局。"十"字形交叉形态如有不同程度的错位，则扩大为风车状的小广场（B 型），也可理解为四条街巷的交汇（占 8.2%）。

其二，半浦村街巷现存门洞空间 3 处，成为街巷中独特的空间元素。回顾前文，在实际的街巷空间体验中，街巷中的门洞主要有三种空间作用：①不同等级、不同归属的相邻空间的过渡；②保持空间界面的连续；③上述两者作用皆有。（图 4-18）

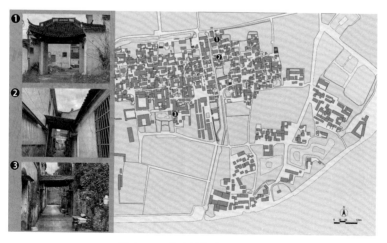

图 4-18 半浦村街巷门洞空间

其三，住宅入口空间是村内民居建筑前留出的少许空间，是用于过渡室内外空间的半公共、半私密空间，也是居民日常进出家门的必经之地，所以入口空间常常成为邻里之间发生交往关系的重要场所。入口空间根据平面形式可分为三类（表4-5）：一是"一"字形入口空间，该空间在半浦村比较常见；二是"八"字形入口空间，这里往往会形成视线的逐步聚焦，并且居民常常会在此处栽植花木、放置长条石凳，形成一个闲谈、交流的空间；三是内凹式入口空间，其实可视为"八"字形的变体，只是空间的内聚性更强，构成该空间的要素一般都较为丰富，有门槛、石柱、牌匾等，多数为社会地位较高的家庭的建筑入口空间。

表4-5　住宅入口空间

| 平面类型 | 平面图示 | 实际案例 | 说明 |
|---|---|---|---|
| "一"字形 |  |   | 多用在普通民宅中，形制简洁、大方 |

（续表）

| 平面类型 | 平面图示 | 实际案例 | 说明 |
| --- | --- | --- | --- |
| “八”字形 | 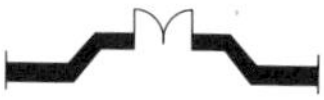 | 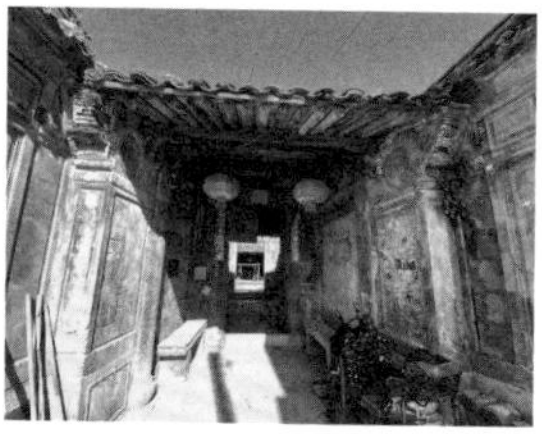 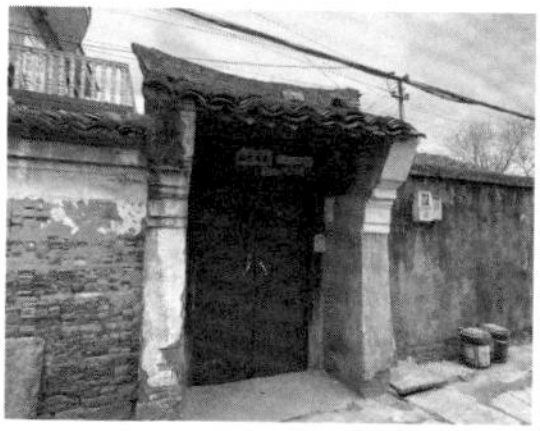 | 多存在于具有传统风貌的古建筑，可以形成较大的入口空间 |
| “凹”字形 | 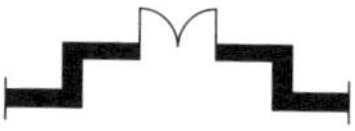 | 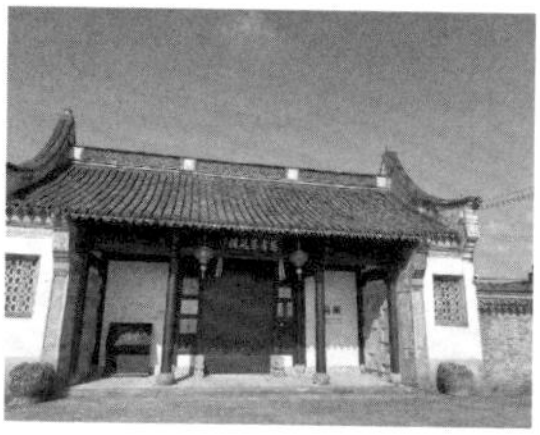 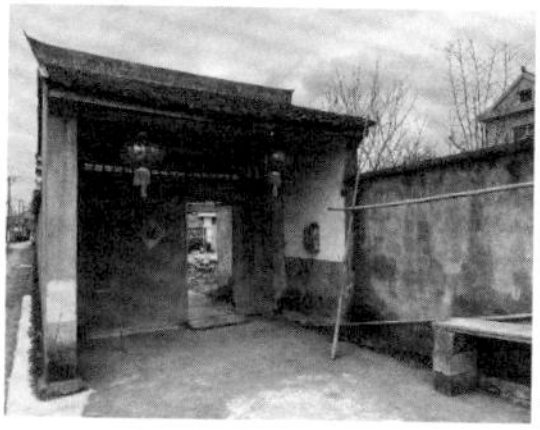 | 多为屋宇式大门，门前有一定缓冲空间 |

综上所述，再对半浦村的整体村落格局做一简单的总结与归纳。半浦三大宗族聚居单元与渡头街通过灌江的连接形成了江畔水市、河尾寒村的"前市后村"的平面格局。"江畔水市"在此特指以渡头街为主要发展轴线，沿线布置商铺和公共建筑。商业店铺建筑选址靠近古渡，沿河岸进深50米到200米不等，而大片居住建筑的选址则离姚江较远，街后大院较少，即以佑启堂为中心的早期郑氏聚居单元；"河尾寒村"原指河流尾端偏僻的村落，在此特指半浦村以灌江为界，分为东西两片区域：西边以复训堂为中心的后期郑氏聚居单元，东边以周家祠堂为中心的周氏聚居单元。因此，半浦三大宗族聚居单元与灌江沟通连接，形成了江畔水市、河尾寒村的"前市后村、西郑东周"的空间布局。在这样的总体格局下，水市和中心村相互分离，族权与商权空间分域。[①]（图4-19）

———————————

① 参见许广通、何依、殷楠、孙亮《发生学视角下运河古村的空间解析及保护策略——以浙东运河段半浦古村为例》，《现代城市研究》2018年第7期。

图 4-19　半浦村鸟瞰组图

# 第四节　小　结

　　本章依然基于田野调查与文献梳理，对半浦村的地理位置、历史渊源、空间更替以及公共空间的构成形态进行了描述与分析。首先结合文献资料，对半浦村的历史渊源与村落空间的变迁进行探究与分析，将半浦村的时空演变划分为五个历史阶段，并对每一阶段半浦村的社会发展和空间拓展进行详细描述。可以说，从历时性的角度解释了半浦村乡土社会、经济发展和空间组织的交互关系。然后在实地考察中，从半浦村的建筑空间、街巷空间和整体格局三个方面，分析村落的公共空间形态。其中建筑空间形态与街巷空间形态分别根据村落现状划分了不同的类型进行详细的诠释。总的来说，半浦村的历史建筑、传统街巷以及水利工程设施都维护得较好，村落的传统风貌和运河特色较为显著。由于村域面积较大，历史建筑和传统街巷多集中在半浦村的西区，即灌江西岸。渡头街一带则因水运、水市的落寞，加之沿姚江而建的滨江景观带，长街的集市风光不再，半浦渡目前只是村民摆渡过江的渡口。

　　半浦村作为集"官、商、农"一体的传统运河村落，在历史的进程中，其公共空间形态的演化不仅体现了自然环境的变迁与历史文化的延续，也体现了宗族社会与运河经济互为因果、相互推动的关系。因此，研究半浦村公共空间形态是在尊重村落历史与文化的前提下，推进村落保护利用与可持续发展工作的重要基础。为了深度解读半浦村公共空间调研报告所描述与分析的内容，与大西坝村一样，笔者继续采用空间句法作为半浦村公共空间形态特征的定量研究工具。通过指标与可视化图示的方式，量化解读半浦村公共空间形态，探究其内涵的深层结构与社会逻辑，解释公共空间与人们行为活动之间的交互关系，并对村落的保护发展和优化设计策略做出探索。

进士第

老高墙

孙家

半浦园

中书第

前八房

第五章

半浦村公共空间的句法解析

# 第一节　空间句法模型选择与数据来源

## 一、句法模型选择

本章同样运用空间句法中的轴线模型、视域模型作为再现空间的基本方式。基于各自的适用范围与计算特点，采用轴线模型分析半浦村村域空间集成核的分布和街区特征；采用视域模型从可行层和可视层两个维度分析半浦村街巷空间的形态与风貌特征。(表5–1)

表 5-1　空间句法参量择定

| 研究层级 | 句法参量 | 空间含义 | 基本方式 |
|---|---|---|---|
| 村域 | 轴线集成度（Integration） | 衡量空间的可达性以及成为中心的潜力；以全局集成核与局部集成核分析、确认村落内可达性最佳的公共空间 | CAD 绘制轴线图，在 Depthmap 建立轴线分析模型 |
| | 轴线连接度（Connectivity） | 衡量空间的联系程度；数值越大，关联性越强，空间影响力和渗透力越突出 | |
| | 轴线选择度（Choice） | 衡量空间被选择与穿越的可能性，暗示交通的潜力 | |
| | 协同度（Synergy） | 通过 $R^2$ 值，探讨村落局部空间与全局空间的关联性 | |
| | 可理解度（Intelligibility） | 衡量人通过局部空间认知全局空间的难易程度，判断村落空间的认知难度 | |
| 街巷 | 视域集成度（Visual Integration） | 衡量空间受到视线聚集、关注的程度，判断街巷空间的公共性或私密性 | CAD 绘制街巷的"可行与可视"两类平面图，在 Depthmap 设置网格，建立相应的视域分析模型 |
| | 视域深度值（Visual Depth） | 衡量空间之间视线转折的程度，判断街巷空间的通达性 | |
| | 视域连接值（Visual Connectivity） | 分析街巷节点的可视范围，确定该空间的渗透性与开放程度 | |
| | 视域聚集系数（Visual Clustering Coefficient） | 分析空间受遮蔽程度，评价空间的领域性与安全性 | |

## 二、数据来源

### （一）村落概述

如前所述，半浦村地处江北慈城镇西南部，三面环水，南临余姚江，西临河姆渡，北邻古县慈城。村中的半浦渡是姚江北岸的古渡口，村庄古时四水环抱，河湖交接，依山傍水，地灵人杰，是慈城镇地理意义上的南大门和水上门户。作为浙东运河流域传统村落的典型代表，半浦村在 2016 年被列入第五批浙江省历史文化名村。村域面积达 2.4 平方千米，空间格局为传统街巷式布局。古村落核心区域（村落西区，灌江西岸）由五条主要街道构成，护村河环绕，历史遗存丰富，大量古民居、宗祠及楼阁散布其中。因此，本研究以古村落核心区为主要研究范围，以无人机实地拍摄图像为底显示研究场景，实线框架为研究边界。（图 5-1）为方便讨论，仍以半浦村指代研究范围，即村落的西区。

（a）空间图 　　　　　　　　　　（b）航拍图

图 5-1　半浦村研究范围

（二）图纸来源

研究数据主要来源于现场调研和场地测绘。笔者在实地勘测前，首先通过卫星地图确认半浦村的基本布局，并利用 AutoCAD 绘制初始平面图，标注半浦村的传统建筑与特色景观，为后续实地调研做好准备。在实地调研过程中，进行场地勘测记录，测绘出街巷的平面图、立面图，记录村落特色肌理，确定街巷的节点空间分布；同时用无人机拍摄高清图像，并将其归纳整理，成为图纸绘制的主要来源。最后将数据资料融入村庄初始平面图，进行图纸的修正和完善，进一步结合民居、街巷、节点、广场、绿化等空间要素的分布情况，形成完整清晰的研究底图。（图 5-2）

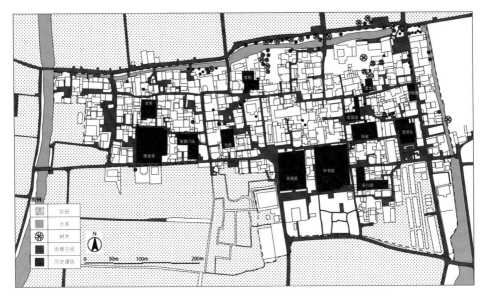

图 5-2 半浦村研究范围平面图

## 第二节　半浦村公共空间轴线模型分析

　　以半浦村现状的 CAD 图作为基础数据，建构半浦村轴线模型。绘制轴线图时遵循空间句法所定义的"最长且最少"的原则，用轴线贯穿所有街道空间，形成空间轴线图。（图 5-3）之后运用空间句法分析软件 Depthmap，将绘制完成的轴线图以 dxf 格式导入，进行轴线模型的分析运算，得到半浦村公共空间的集成度、连接度、可理解度等系列参数，从而对半浦村的空间结构进行量化解析。（表 5-2）为方便记忆，将上述变量的定义再做一回顾。

图 5-3　半浦村街巷空间轴线图

表 5-2　半浦村街巷空间系列参数

| 轴线数量 | 全局集成度（$R_n$） | 局部集成度（$R_3$） | 连接值 | 可理解度 | 协同度 |
|---|---|---|---|---|---|
| 176 | 1.1668 | 1.37572 | 3.04545 | 0.377019 | 0.822254 |

其一，集成度（Integration Value）。集成度也称整合度，是空间句法分析中最多且最重要的一个参量，反映了空间系统中某一空间节点与其他更多空间节点联系的紧密程度。集成度分为全局集成度和局部集成度两个概念，全局集成度表示节点与整个系统内所有节点联系的紧密程度；局部集成度表示节点与其附近几步内的节点联系的紧密程度，通常计算三个拓扑单位，称为"半径—3集成度"[①]。

因此，集成度代表着村落内某一空间单元与其他空间集聚或离散的程度。轴线颜色由红到蓝表示集成度值的由高到低。集成度值越高的空间，其可达性越好，表明空间的公共性越强，吸引到达交通的潜力也越高。可以说，良好的可达性是空间活力产生的基础，因此，集成度值越高的地方，空间活力也越高。其中占整个空间网络集成度前10%的轴线，便是该空间网络的集成核心。[②]

其二，连接值（Connectivity Value）。连接值用于表示村落空间系统中与一个空间节点直接相连的其他空间节点数量的总和。某个空间的连接值越高，则说明从此空间到另一个空间需要穿过的第三

---

① 空间句法基础概念，https://www.jinchutou.com/p-44827272.html。

② 参见郭湘闽、刘长涛《基于空间句法的城中村更新模式——以深圳市平山村为例》，《建筑学报》2013年第3期。

空间越少，空间与周围空间联系越密切，其空间渗透性越好，对周围空间的影响力越强。

其三，选择度（Choice Value）。选择度衡量的是空间系统中某个空间元素吸引到的穿越交通的潜力，是一种可能性指标。选择度反映的是空间系统中各个因子之间的交通便捷性。选择度数值较大时，一般认为这个空间的交通吸引潜力较大，人们出行选择这一空间的可能性较高。因此，选择度所分析的是事件发生的可能性和潜力，不是必然性及一定会发生的确定性情况。

其四，协同度（Synergy）。描述局部集成度与全局集成度之间相关度的变量，衡量局部空间结构是否有助于建立对整个空间系统理解的程度，即局部空间与整体空间是否关联、统一。在经济学和社会学的意义上，协同度越高的空间，其局部中心性越能融入全局空间结构之中，从而产生经济和社会活动的乘数效应，导致空间系统功能的多样性与复杂性。[①]

其五，可理解度（Intelligibility）。可理解度表示根据与某条轴线直接相连的轴线数量，去判断那条轴线在整个系统中的重要程度，即轴线连接度与全局集成度的相关性。较高的相关度表示较高的可理解度，暗示从局部空间结构可以推论出整体空间结构。[②] 也就是说，当人处在一个空间范围内时，合理的空间结构能够引导人们理解开放的空间，同时避免人们进入隐秘的空间。当空间结构中各节点空间的连接值高，其集成度也高，那么这个空间就是可以被理解的较好的空间结构体系。

---

① 空间句法基础概念，https://www.jinchutou.com/p-44827272.html。
② 空间句法术语汇编，https://www.docin.com/p-2113061270.html。

## 一、集成度分析

### （一）全局集成度分析

根据半浦村空间轴线图的计算结果，村落共有 176 条轴线，选取集成度前 10% 的轴线进行轴线图的标注，并叠加半浦村平面图展开探索与分析。（表 5-3）如图 5-4 所示，从全局集成度数据来看，半浦村有两处集成核区域，代表着半浦村集成度最高、可达性最佳的公共空间。

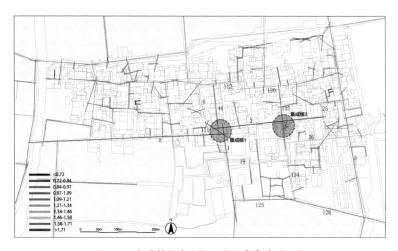

图 5-4 半浦村轴线分析：全局集成度（$R_n$）

表 5-3 全局集成度前 10% 轴线表

| Ref | 1 | 0 | 111 | 2 | 3 | 44 | 125 | 126 | 135 | 118 | 134 | 19 | 25 | 112 | 120 | 26 | 6 |
|------|------|------|------|------|------|------|------|------|------|------|------|------|------|------|------|------|------|
| 集成度 | 1.83 | 1.76 | 1.72 | 1.71 | 1.66 | 1.66 | 1.66 | 1.61 | 1.60 | 1.56 | 1.54 | 1.52 | 1.50 | 1.49 | 1.49 | 1.48 | 1.47 |

将半浦村全局集成度图与村落平面图做叠加分析发现，半浦村可达性较好的道路分布较为均匀。从空间句法的计算数值上来看，半浦村全局集成度平均值为 1.1668，其中大于 1.1668 的轴线占总轴线数的 46.02%，由此可见半浦村的全局集成度较高，整体可达性较优异。可达性最高的道路为村庄中心十字相交的四条道路，即轴线 0、1、2、44。轴线 0 向西直通外部道路；轴线 2 向东直通半浦村美术馆以及馆前的广场；轴线 1 向南直通姚江边，向东经轴线 125、126 可连通村落主路文卫路。总的来说，4 条道路的连通性较好，视域的直线距离长，视野开阔。其中，轴线 0、1 位于村落边界，道路宽敞，可满足机动车通行，轴线 44、2 深入村落内部，主要为步行街巷。村庄内部民居组群以团块状分布，分割、联系民居组团的村内主道路（贯穿村庄的东西向道路）集成度较为统一，对应的是村落的二级道路，人群流动性也较强。而村内道路集成度较低的多为远离主道，渗透在民居院落间的巷弄，对应的正是村落的三级道路。下面对两个集成核分别做简析。

第一，集成核 1 位于轴线 0、1、2、44、111 的交汇区域，处于整个村庄的中心地带。该区域范围内的道路集成度值均位于前 10%，轴线 0（$R_n 1.76$）与轴线 2（$R_n 1.71$）东西贯通，轴线 44（$R_n 1.66$）和轴线 1（$R_n 1.83$）南北相连，这意味着此区域应是村落中最主要的人群聚集处，通达性最好，应是村中最具活力的空间。由此核心区域，以风车状向周围延伸、连接形成村庄的各条主街巷。从街巷结构上看，此区域作为道路交汇处，四周的道路分布连续性强，其他巷弄与之连接，逐渐向民居院落渗透，因此具有良好的核心凸显功能，于是能引导人流，达到聚集效果；从建筑分布

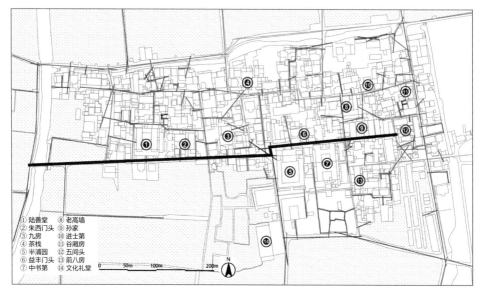

图 5-5　半浦村古建民居分布图

① 陆善堂　⑧ 老高墙
② 朱西门头　⑨ 孙家
③ 九房　⑩ 进士第
④ 茶栈　⑪ 谷厢房
⑤ 半浦园　⑫ 五间头
⑥ 益丰门头　⑬ 前八房
⑦ 中书第　⑭ 文化礼堂

0　50m　100m　　　200m

N

上来看，该区域东西向轴线附近有较多的古建民居（图5-5），对游客吸引力强，是参观游览的主要路径，人流穿越、停留的频率更高；从空间属性上看，该集成核区域为中小规模的集散广场，广场北部是新建的半浦文创园，东南部是半浦园（半浦小学），西南部是部分民居与农家乐园，民居外部有过渡的绿化带，因此民居建筑与广场空间的分隔度较高，相互干扰较少。广场同时具有较为开阔的视野与容量，从而成为村民、游客停歇、聚集和开展活动的理想空间。

第二，集成核2由轴线2与轴线135"十"字交叉而成。轴线135位于中书第东部，连接轴线26向东穿过半浦村美术馆广场，可达村主路文卫路，向北连通菜场、超市等生活设施区，向南可达中书第门口的生态绿地公园。在集成核2所覆盖的范围内，同样拥有较多民居建筑与古建筑，而且该区域向南向东更接近村落外围道路，通达性好、交通便捷。轴线135与轴线2十字相交处形成小型集散节点——联心亭，在调研中发现此处是附近居民生活休闲以及聚集活动的主要场所。以研究范围的整体尺度来看，该区域位于村落东部区域的中心地带，方便抵达村东的文卫路和村南外围道路，但较之美术馆广场高度开放的空间位置，因其处在村落内部，又拥有了一定的内向性；从空间视野上看，该区域向南同样拥有良好的视觉体验，古建、田野和堰塘风光可尽收眼底。于是，良好的通达性、安全的内向性与优美的视觉体验的多维合一，使得此地与集成核1一样，成为村民、游客驻足逗留、和谐交往的核心区域。（表5-4）

表5-4　全局集成核分析表

| 集成核 | 集成度值 | 空间布局（局部平面图） | 实景照片 |
|---|---|---|---|
| 集成核1 | 轴线0：1.76<br>轴线1：1.83<br>轴线2：1.71<br>轴线111：1.72<br>轴线44：1.66 | 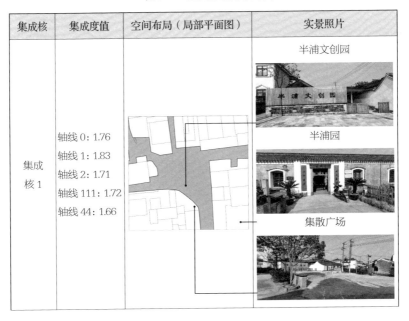 | 半浦文创园<br><br>半浦园<br><br>集散广场 |

| 集成核 | 集成度值 | 空间布局（局部平面图） | 实景照片 |
|---|---|---|---|
| 集成核 2 | 轴线 2：1.71<br>轴线 135：1.60<br>轴线 26：1.48 | 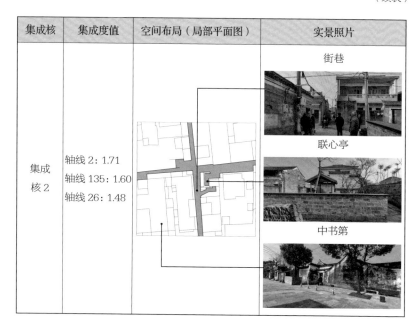 | 街巷<br><br>联心亭<br><br>中书第 |

## （二）局部集成度分析

在局部集成度的计算分析中，采用最能反映局部变化的 3 个拓扑步数为限进行分析。半浦村平均局部集成度为 1.61867，最大值为 3.2225，对应村内的南北向主路"文卫路"，与全局集成度有较高程度的耦合。村内纵横的几条主要路线的集成度依然保持在平均值以上，说明这些道路是日常生活中村民经常使用的道路，并且从主要街道走向村落其他区域时也更容易选择与经过这些街巷。现取局部集成度前 10% 的数据（表 5-5），归纳整理出相对应的集成度高的街道，形成 7 处局部集成核区。（图 5-6）对比全局集成度发

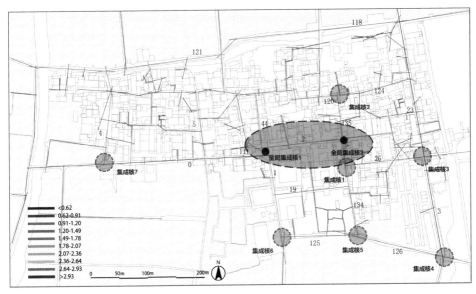

图 5-6　半浦村轴线分析：局部集成度（R₃）

现，主要的集成核区域位置变动不大（图5-6中的虚线范围），在
其周围增加了几处局部核心。

表 5-5　局部集成度前 10% 轴线表

| Ref | 3 | 0 | 26 | 124 | 5 | 126 | 1 | 135 | 111 | 4 | 23 | 120 | 118 | 2 | 134 | 44 | 121 | 125 |
|---|---|---|---|---|---|---|---|---|---|---|---|---|---|---|---|---|---|---|
| 集成度 | 3.22 | 2.95 | 2.63 | 2.58 | 2.58 | 2.57 | 2.57 | 2.54 | 2.47 | 2.45 | 2.42 | 2.42 | 2.42 | 2.40 | 2.40 | 2.37 | 2.36 | 2.31 |

　　局部集成核 1 位于全局集成核 2 附近，是轴线 135 上可直通联
心亭的路口区域，大致介于轴线 2 与轴线 19 连接线的中间路段，
拥有良好的连接性和便捷性，是附近居民出行较好的选择。局部
集成核 2 位于轴线 120、135 的交界区域，其中轴线 120 向东经过
124 连接文卫路，向北连通村落外围东西向主路；轴线 135 向南贯

穿村庄直通南部轴线126，并与周边民居关联度较强，拥有良好的渗透性和通达性。除了老高墙、进士第、谷厢房这些传统建筑外，还有不少现代民居建筑以及小卖铺、小超市、菜摊、早餐店等生活类场所，均处在集成核2所覆盖或影响的范围内，这些设施空间分布较为集中，可达性较高，公共性及功能性较强，能吸引较多的人流，是村子平时的活力点之一。

局部集成核3、4均位于轴线3（文卫路）上，同东西向的道路交汇形成两个通行方便的集散空间。集成核3临近美术馆及广场，该空间地域开阔、通行便捷，本身就具有高度开放的公共属性，有良好的人流聚集及导向作用，且向北临近停车场，游客到达及观光方便，标志性强。集成核4位于村落东南角，其北部是半浦村村委，南部为农田及半浦渡区域，该路段道路宽敞，向南向北连通整个半浦村落，向东向西横跨灌江，是居民日常通行的主要路径之一，也是游客通往古渡口的必经之路，是村庄重要的交通枢纽。

局部集成核5、6位于轴线125上，同轴线1、轴线134相交形成两处局部集成核，并与集成核4贯通。和轴线对应的是半浦村南部的外围道路，其宽度满足机动车通行，通达性好，且道路南侧皆为农田，视野开阔。集成核6北部是半浦园和农家乐园，西部为文化礼堂，是举行节庆、婚宴、聚餐的场所，人员聚集性、流动性较大。局部集成核7所处位置位于轴线0、4的交汇区域，附近有停车场可供停歇驻留，向北可达村落北外围的东西向主路，向南面朝大片农田，视野依然开阔。此处空间的通达性同样较好，附近有陆善堂、和庆堂和朱西门头等古建筑，自然景观与文化景观体验感较强。（表5-6）

表 5-6　局部集成核分析表

| | 集成度值 | 空间布局（局部平面图） | 实景照片 |
|---|---|---|---|
| 集成核 1 | 轴线 135：2.54<br>轴线 26：2.63<br>轴线 134：2.40 | 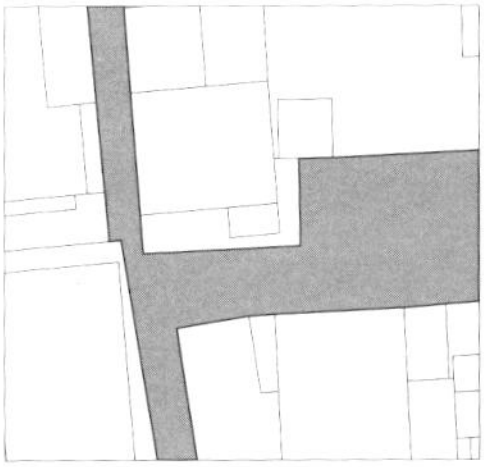 |  |
| 集成核 2 | 轴线 135：2.54<br>轴线 120：2.42<br>轴线 124：2.58 | 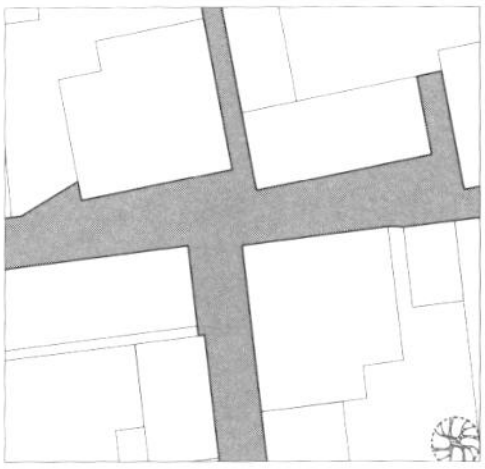 |  |
| 集成核 3 | 轴线 3：3.22<br>轴线 26：2.63 | 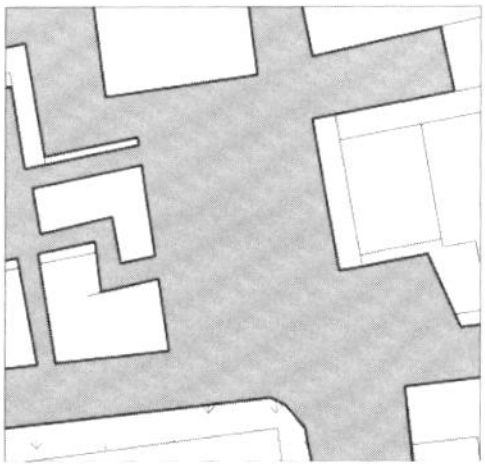 |  |
| 集成核 4 | 轴线 3：3.22<br>轴线 126：2.57 | 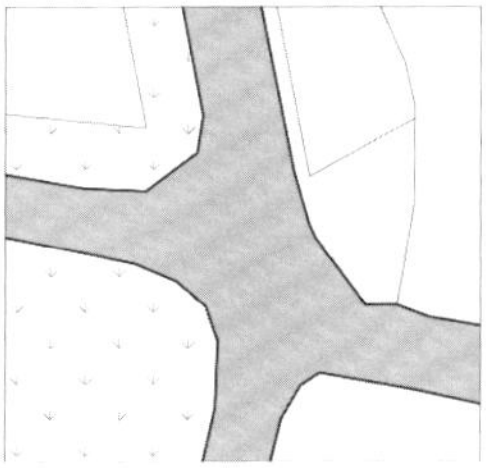 |  |

| | 集成度值 | 空间布局（局部平面图） | 实景照片 |
|---|---|---|---|
| 集成核5 | 轴线125：2.31<br>轴线1：2.57 | 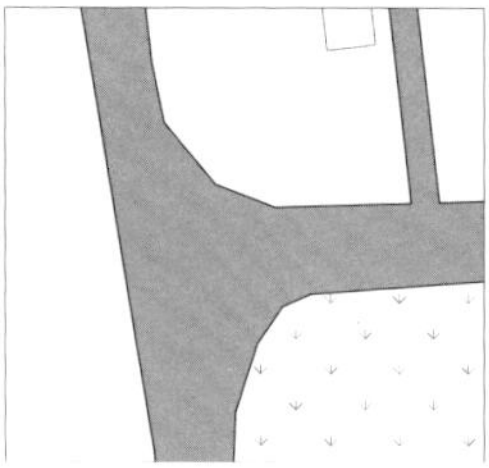 |  |
| 集成核6 | 轴线125：2.31<br>轴线126：2.57<br>轴线134：2.40 | 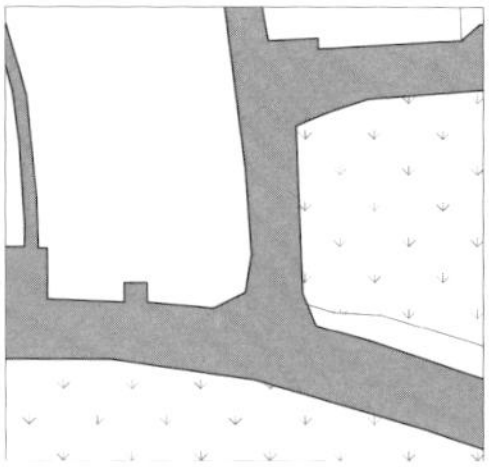 |  |
| 集成核7 | 轴线0：2.95<br>轴线4：2.45 | 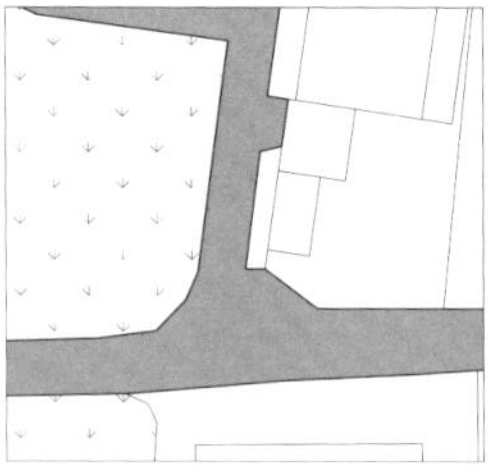 |  |

通过对全局集成度和局部集成度的分析与对比后发现，全局集成核主要分布于村庄中心较为开阔、通达性高、历史文化遗存较多的街巷空间的局部放大处。而局部集成核则是围绕着全局集成核向四周发散分布，与民居院落、生活设施、出行路径等因素都密切相关，从而确立了局部集成核区域的生活属性和空间渗透性。可以

说，在半浦村的村落空间组织中，这些街巷承载和记录了居民生产生活和社会交往的轨迹以及运河文化的印记，是研究居民日常生活行为和古村落街巷特征的重要载体。

## 二、连接值分析

如前文所述，连接值用于表示半浦村空间系统中与一个空间节点直接相连的其他空间节点数量的总和，连接值越高说明从一个空间到另一个空间需要穿过的第三空间越少，其空间渗透性越好，可达性越高，公共性越强。

由图 5-7 可看出，半浦村连接值最高的轴线与集成度数值基

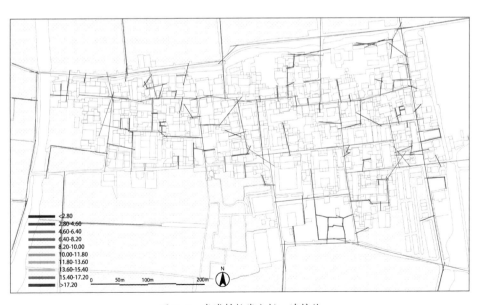

图 5-7　半浦村轴线分析：连接值

本保持一致，也就是半浦村东部和西南部两条主要道路。连接值保持次高的轴线为村庄内部的主要步行街巷，基本囊括了半浦村居民生活出行的路径，其分布均匀、纵横交错在村落之中，形成的聚集空间具有较高的集成度和良好的拓扑连接性。连接值图示的整体色调偏冷，可见多数路径的连接值都不高，符合村落的居住属性。同时，色调显示村庄内部各区块界限明晰，空间路径并不复杂。

### 三、选择度分析

选择度研究的是系统内任意两个空间之间最短路径被选择经过的次数，表示空间穿越频率的高低。因此，选择度值也暗示着空间节点的交通潜力。通过 Depthmap 软件生成选择度轴线图，其中，轴线颜色越接近红色表明该街巷选择度越高，承载着村中大部分的人（车）流；反之，轴线颜色越接近蓝色，表明其选择度越低，通过量也越低。

同样将半浦村全局选择度图与村落平面图做叠加分析（图5-8），标注出选择度较高的街巷并形成序列时发现，半浦村全局选择度较高的是纵横交错的六条主路：主路 A，半浦村北部主道路，路面开阔，绿化整洁，车流通过率高；主路 B，半浦村中部道路，横向贯穿半浦村，道路西部较为开阔，容人车通过，道路东部位于民居之间，道路较笔直通透，以步行为主；主路 C，半浦村南部道路，这里临水临田，视野开阔，适宜车辆通行；主路 D，文卫路纵向贯通半浦村，连通半浦村南北，是容纳车流、人流的主要道路；主路 E，是中书第东侧街巷，连接集市与南部农田，视野跨

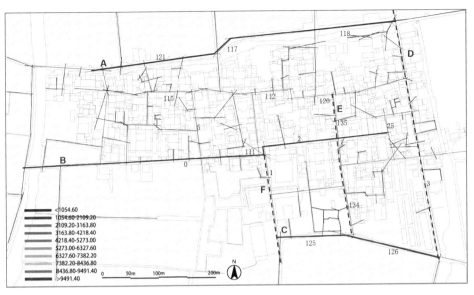

图 5-8　半浦村轴线分析：全局选择度（$R_n$）

度较大，空间体验感强，居民聚集交往频繁；主路 F，连通文创园、半浦园和文化礼堂，同时容纳人车通行，是村内举办活动、外访人员经常通行的道路。可以说，这六条主路横亘在半浦村落外围与内部中心，既是村民外出的重要通道，也是游客等外来人员主要的游村路线。

局部选择度是指在一定的半径范围内某一节点被选择路过的可能性大小，一般取三个拓扑单位为半径范围，反映村落内部的出行情况。结合全局选择度所标注的主路，并通过局部选择度数据标注可发现（图 5-9），除了在全局选择度分析中的六条主路外，局部选择度较大的街巷普遍是同主路相关联的次级道路。例如，同主路 D 相连接的①、②、③道路，其连通集市、广场、美术馆、民居，

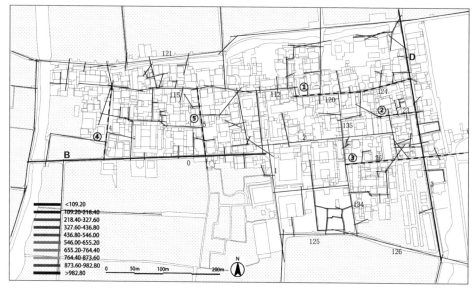

图 5-9　半浦村轴线分析：局部选择度（$R_3$）

道路便捷性高，与附近居民生活出行息息相关；同主路 B 相连的
④、⑤道路较为宽阔，涵盖停车场、传统建筑等公共空间，可通
车，通达性好。

　　从整合全局选择度和局部选择度来看，半浦村街巷结构较为明
晰，村内主要道路与次要巷道的分级明显。主要道路承载村庄的对
外交通，普遍存在道路开阔、视野通达的特点，可同时容纳人车通
行，空间的交通承载能力较强；而次级道路与主要道路相连，连通
商铺、广场、宅前屋后休闲娱乐区域等活力较高的公共空间，以承
载居民的日常生活出行为主。

## 四、协同度分析

如前所述，协同度是指半径 3 的局部集成度与全局集成度之间的相关程度，用数值在 0—1 之间的 $R^2$ 来表达。这是度量局部空间情况在多大程度上可用于良好提示整体空间结构。在 Depthmap 软件中选取全局集成度（Integration[HH]）和局部集成度（Integration[HH]R$_3$）两组数据做线性回归分析（图 5-10），通过 XY 散点图总结出轴线系统的协同度，从而分析半浦村局部空间和整体空间之间的关系。图中 X 轴表示全局集成度，Y 轴表示局部集成度，$R^2$ 表示协同度。当 $R^2$ 的值小于 0.5 时，认为 X 轴与 Y 轴不相关；$R^2$ 的值介于 0.5—0.7 之间时，认为 X 轴与 Y 轴是相关的；$R^2$ 的值大于 0.7 时，则认为 X 轴与 Y 轴之间显著相关。因此拟合度 $R^2$ 的值越高，协同度越高，全局集成度与局部集成度的相关性越高，说

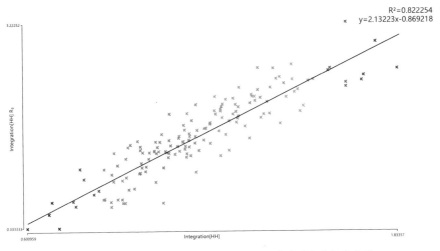

图 5-10　半浦村协同度（全局集成度和局部集成度）分析散点图

明空间趋向单核心空间，反之则趋向匀质或多核心空间。[1]

半浦村全局集成度和局部集成度的拟合系数较高，协同度值约为 0.822，表示半浦村全局集成度与局部集成度关联密切。半浦村内高集成度街巷在全局集成度和局部集成度的分布上有着较高的拟合度，且村落的局部空间与整体空间具有一定的推导性与代表性。半浦村的民居组团呈块状分布，从单独的块状区域中分析，可以发现单元区域以外部道路为边界，内部以一条主路为引导，再向周围空间逐级递减集成度。由局部到整体，整个半浦村的村落格局呈现向心团状。以村落内部"全局集成核 1"为核心，向东西南北四个方位形成村落主街，并以区块状的方式向外分布，且每个区块的平均集成度差距不大。（图 5-11）全局集成度平均值为 1.1668，而局部平均值在 1.1167—1.3602 之间，总平均值为 1.2355，由此可见整

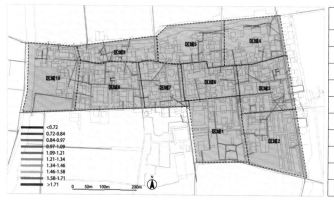

| 区域 | 局部平均集成度 | 轴线数 |
|---|---|---|
| 区域1 | 1.2492 | 26 |
| 区域2 | 1.2288 | 16 |
| 区域3 | 1.2323 | 28 |
| 区域4 | 1.2051 | 21 |
| 区域5 | 1.2383 | 18 |
| 区域6 | 1.3602 | 13 |
| 区域7 | 1.3367 | 18 |
| 区域8 | 1.1167 | 28 |
| 区域9 | 1.1802 | 22 |
| 区域10 | 1.2072 | 16 |

图 5-11 半浦村局部平均集成度

---

① 参见陈健坤、王天为、梁振宇《基于空间分析的传统村落商业布局与优化策略研究：以安徽省查济村为例》，《建筑与文化》2018 年第 8 期。

体空间与局部空间具有较好的协同性，能较好地从局部区域的特性中感知到整体空间结构，更有利于外来人员认知村落空间。

### 五、可理解度分析

与协同度相似，可理解度是描述空间局部变量和整体变量之间的相关度，能反映村落整体空间与局部空间是否具有一致性，可衡量研究区域的局部空间结构对于建立整体空间认知的难易程度。数值越高，则表示空间越容易被理解，反之则越困难。

选取全局集成度（Integration[HH]）和连接值（Connectivity）两组数据进行线性回归分析（图5-12），X轴为全局集成度，Y轴表示连接值，通过XY散点图总结出轴线系统的可理解度。如图5-12所示，可理解度 $R^2$ 数值约为0.38，小于0.5的衡量数值，这

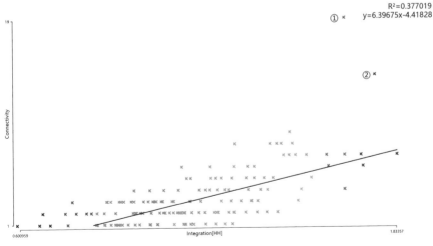

图5-12　半浦村可理解度（全局集成度和连接值）分析散点图

说明半浦村具有传统村落整体内聚、对外防御的历史特征。其实从整体来看，半浦村拥有较为明晰的街巷系统，村落的居住空间呈块状分布，且不同区块间的连接性较好。但在局部区块上，大部分的巷弄都是位于街巷道路的尽端空间或偏僻的末段道路空间，与此相连的主路往往连接值奇高，但其相应的集成度却并不算太高，导致这些街道的散点数据高度偏离回归线。

针对图中右上方两处较为偏离的散点进行数据比对与实情分析，1号点对应轴线23，是半浦村的主路之一"文卫路"。文卫路贯通半浦南北，从北部村口向南可抵达半浦渡口，拥有良好的通达性和便捷性，但因其东临灌江，沿河民居与道路平行呈带状分布，民居建筑间未能形成回路，呈现出来的多是窄小的尽端巷弄形态。尽端空间过多导致了文卫路的集成度和连接值之间的拟合趋势被打破，数据点偏离线性回归线较大。2号点为轴线0，是位于半浦村西南方位的一条道路，其集成度较高，通达性较好。作为半浦村的外围道路，轴线0南部是大片农田，街巷形态大幅度减少，且南部只有少量几处民宅，故轴线0以南除了连接民居院落的巷弄外，也没形成回路。道路以北紧邻陆善堂、朱西门头等古建筑群，但因传统建筑的相关保护制度，部分道路无法穿透，连贯性不足，同样出现较多的"尽端空间"。总的来说，轴线23和轴线0出现拟合度高度偏离的极端现象，即连接值和集成度的失衡，主要原因是受其连接尽端空间过多的影响。

为剔除"尽端空间"对连接值以及可理解度的影响，尝试将边缘街巷删减，并再次进行可理解度分析。（表5-7）结果显示，轴线23和轴线0的集成度与连接值均有所下降，可理解度值变大，数值趋近于 0.5，可见半浦村开放区域的街巷空间应较容易被理解，人们可以通过半浦村的局部街巷空间形态来推测整体空间的特征。在实地调研中，发现半浦村的行走路线具有良好的记忆性，伴随着景点变换和标志物特征，人们置身于村中并不会迷失方向，并且主要道路分布较为分明，几次转折往往就能到达目的地。这或许与半浦村的历史发展相关，半浦村有"半浦古渡"的辉煌历史，姚江之滨、商航繁盛，官商文化深厚，因此村落水陆交通系统成熟、导向明确。近现代虽水运落寞，但基本的交通形态和水系分布大致都被保留了下来。本章研究的半浦村西区，北接卫生院河，西临西大河，东攘灌江，南迎姚江水系，区域内团状布局，由几条主要道路交错组成街网，区块划分明确，容易让人找准方位。与此同时，半浦村西区中留有诸多的古建民居，景点的设置与信息指引，大大提升了半浦村的空间辨识度，游客甚至可以将古建分布与路网相结合，对村落的路径选择和景点布局形成明确的空间认知。

表 5-7　轴线修改前后相应数据表

|  | 轴线 | 集成度 | 连接值 | 可理解度（$R^2$） |
|---|---|---|---|---|
| 修改前 | 轴线 23 | 1.6637 | 19 | 0.377019 |
|  | 轴线 0 | 1.7623 | 14 |  |
| 修改后 | 轴线 23 | 1.5452 | 11 | 0.471135 |
|  | 轴线 0 | 1.7042 | 9 |  |

# 第三节　半浦村街巷空间视域模型分析

以半浦村现状 CAD 图作为基础数据，建构出半浦村的视域分析模型，用 Dethpmap 进行视域分析，得到半浦村街巷空间可行层和可视层的直观图示。接着通过对其视域集成度、视域连接值、视域深度值以及视域聚集系数等参量的量化解读与研究分析，了解街巷空间被觉察与感知的程度以及各空间单元间的相互联系。同样，先将这些句法参量做一回顾。

其一，视域集成度（Visual Integration）。集成度是指系统中从任意空间到其他所有空间的视线距离，用于计算起始空间距离其他所有空间的远近程度，以便衡量一个单元空间与系统中其他所有空间的集聚或离散程度。

当集成度值越大，表示该空间在系统中的便捷程度越大，也就是该空间在系统中处于较便捷的位置；反之，则空间处于不便捷的位置。"视域集成度越高，表示这个元素只需要较少的视线转折就能看到全系统中的其他元素；视域集成度越低，表示从这个元素出发，要看到其他元素，需要更多的视线转折。"[1]

其二，视域深度值（Visual Depth）。深度值表述的是从一个空间到达另一个空间的便捷程度：句法中规定两个相邻节点之间的拓扑距离为一步，任意两个节点之间的最短拓扑距离，即空间转换的次数表示为两个节点之间的深度值。深度值表达的是节点在拓扑意义上的可

---

[1]　王海涛、周庆、张昊雁:《基于空间句法的拙政园和留园空间结构对比研究》,《山东林业科技》2020 年第 3 期。

达性，而不是指实际距离，即节点在空间系统中的便捷程度。[①]

其三，视域连接值（Visual Connectivity）。视域连接值反映出单位空间与周边空间的视觉联系程度。某一节点空间的颜色越暖，其视域连接值越高，说明该空间的视线渗透性越好，在该点的可视范围也越大。

其四，视域聚集系数（Visual Clustering Coefficient）。视域聚集系数用来衡量某个空间受制约、受遮蔽的程度。也就是说，如果一个空间单位可以直接看到的很少，而在其可视区域里活动就能看到更多的内容，那么说明该空间单位受到了很大程度的遮挡和约束，反之亦成立。

## 一、可行层

### （一）集成度分析

与轴线集成度的相似之处在于，可行层的视域集成度也测量各空间的步行可达性，因此"用可行层集成度（Int_knee）来分析各空间在整个系统中能够被到达的难易程度，以及到达系统中其他空间的难易程度"[②]。与此同时，视域集成度能反映出各空间作为视觉中心的可能。与轴线模型不同之处在于，视域模型是二维平面，因此融入了空间的平面尺度与形态，可以更为精确地定位到点与面的层级。

---

① 空间句法基础概念，https://www.jinchutou.com/p-44827272.html。
② 曹玮、薛白、王晓春、胡立辉：《基于空间句法的扬州何园空间组织特征分析》，《风景园林》2018 年第 6 期。

半浦村是依托浙东运河而生的传统村落，观其村落发展史可知，村落最早沿姚江北岸分布，随着郑、周、孙三大氏族的陆续迁入，氏族文化开始影响村落的布局，形成了区块分明、防御性较强的民居组群。后因郑、周两家联姻，孙家兴起，三大族群的空间分布在村落范围内逐渐融合。而随着现代经济、公路系统的发展，水运凋零，氏族力量减弱，传统房舍也渐被拆分与售卖。现在半浦村中部分古宅依然有人居住，同时可看到围绕古宅所新建的民居，形成了传统建筑与新建民宅交错排布的街巷风貌。如前所述，村落西区整体布局向心、内聚，街巷中少有放大的集散空间，故在可行层上以道路通行为主，开阔的大面积广场不多。

由半浦村可行层集成度（图 5-13）可见，半浦村中可达性最高区域为半浦文创园前的核心空间（空间 A），较高的集成度说明其与系统内各类空间均有良好的视线通达性。空间 A 位于半浦村的核心区域，东西向、南北向的路径通达性都较高，形成可同时容纳车流、人流的交通模式。该区域无论是从交通枢纽还是用地属性来看，在空间改造的潜力上都具有较大的优势，适合发展为节日集庆、文化展演等提升空间活力的集散场所，成为游客和村民自发性、社会性户外活动的公共空间。实地调研发现，该处集成度红色区域恰好是半浦文创园的入口与广场的几何中心一带，的确是村落中人流量较为集中、社会性交往活动较多的活力空间之一。

道路空间 B 位于村落西南部，道路宽敞笔直，南侧是广袤的农田，因此视域开阔、交通便捷，拥有良好的机动车通行条件。空间 B 连通着空间 A 和外部主路，有效沟通了村落的东西联系。空间 C 则以南北向连通空间 A，并与半浦园前的横向道路形成一个

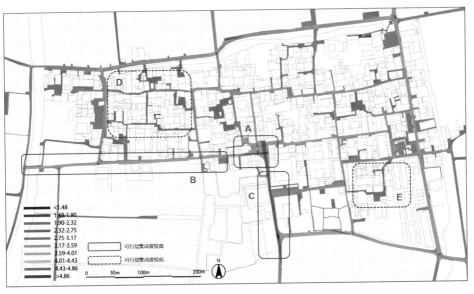

图 5-13　半浦村视域分析：可行层集成度（$R_n$）

较为宽敞的交汇点空间，继续向南则连接文化礼堂和民宿建筑。从空间体验看，空间 C 连通文创园广场、半浦园、农家乐园、文化礼堂，建筑节点丰富，人流量大，视觉体验好；从空间方位看，该空间主要由位于村落与田野的边界道路构成，北连民居住宅，西面和南面是大片农田，东接半浦村的古建筑群以及堰塘景观，道路本身的连通性强，贯穿半浦南部，有良好的空间承接性和视线转换性。空间 D、E 深入村落内部，与主路连通性降低，并受民宅组团影响，内部街巷往往以"尽端空间"的形式呈现，使得该区域的视域集成度处于较低水平，这与半浦村内部街巷空间曲折狭窄、建筑排布密集的现实状况相符，也满足了居住区的安静、私密需求。

　　如表 5-8 所示，结合轴线分析的集成度和可行层的集成度比对发现，空间 A、B、C 在这两个层面上的集成度都远高于全局平均集成度，而空间 D、E 的集成度则均较低，再次证明集成度在轴线视角和视域可行层视角的分析结果上趋于耦合。半浦村街巷空间中，局部放大且形成大尺度广场的面域空间不多，整个村落的建筑群以团块状分布，较为密集且趋于饱和。村落整体形态以单核心空间结构为基础，与延伸出的其他街巷空间共同构建出村落空间的控制网络[①]，并使其具有统一的整体感和向心性，村落街巷系统由此呈现出"向外防御，向内通达"的形态特征。

表 5-8　五个区域可行层与轴线分析中集成度表

| | A | B | C | D | E | 全局平均集成度 |
|---|---|---|---|---|---|---|
| 可行层平均集成度 | 4.43↑ | 4.29↑ | 4.36↑ | 2.84↓ | 2.66↓ | 3.50 |
| 轴线集成度 | 1.74↑ | 1.76↑ | 1.83↑ | 1.02↓ | 0.33↓ | 1.17 |

（二）深度值分析

从深度值来看，数值越低，视线转换越少，空间的通达性越高；数值越高，视线转换越多，代表空间层次更丰富，空间体验也越多元，但通达性减弱。半浦村视域平均深度值为 4.98，可见村落整体通达性较为优异。可达性较高的街巷分布于村内纵横交错的一级、二级道路上，构成交通便捷、区块鲜明的道路网络。深度值较高的区域则主要分布于河边曲折走廊，游客可进入参观的庭院、绿

---

① 参见王静文《聚落形态的空间句法解释——多维视角的实验性研究》，中国建筑工业出版社 2019 年版，第 56 页。

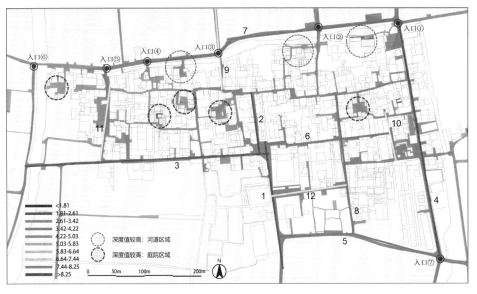

图 5-14 半浦村视域分析：可行层深度值（$R_n$）

地和堰塘景观等，为空间层次的转换创造了多元、多样的变化，从而使空间的趣味提升，使游客的空间体验更为丰富。（图 5-14）

从深度值较低的道路中进行按序定位，分析每条道路的通达性特点以及相同深度值区间内的街巷共性。可以发现，离核心区越近、连续性越强、跨度越大、越宽阔的街道的深度值越低，通达性也越好。（表 5-9）

表 5-9　半浦村深度值较低空间

| 程度 | 序号 | 平均深度值 | 概述 | 共同点 |
|---|---|---|---|---|
| 最低 | 1 | 4.16 | 位于村落核心南侧，连通文创园广场、半浦园、农家乐园、文化礼堂，建筑节点丰富，人流量大 | 围绕村落核心的街巷道路，道路开阔，视域连续性强，人流导向明晰 |
| | 2 | 4.18 | 位于村落核心北侧，道路笔直通畅，可连接半浦村北部居民生活圈，衔接半浦南北空间，人流交汇、通过率大 | |
| | 3 | 4.28 | 位于村落核心西侧，道路笔直，跨度较大，可从村落西侧穿入村内，贯通能力与人流承载力较强 | |
| | 4 | 4.31 | 村落东侧主路，道路开阔，车辆通行便利，同西侧沿街居民群有着较为丰富的关联 | |
| 次低 | 5 | 4.35 | 村落南部道路，道路开阔，适合车流通行与散步休闲 | 普遍位于村落外围车流通道或内部主要街巷，具有较好的穿越度，但道路曲折或视野受限，有变向与转折 |
| | 6 | 4.43 | 连通文卫路与村落核心，道路跨度较大，但宽度较为狭窄，视线较为受阻 | |
| | 7 | 4.44 | 道路位于卫生院河北侧，较为开阔，多为车辆通行，但道路曲折，连贯性较弱 | |
| | 8 | 4.46 | 位于村落东部的中心区域，南北跨度较大，但道路狭窄，是附近居民步行闲聊区域 | |

| 程度 | 序号 | 平均深度值 | 概述 | 共同点 |
|---|---|---|---|---|
| 较低 | 9 | 4.50 | 由村外直接进入村内的道路。村外道路较为宽敞，可供车辆通行，过桥后道路逐渐变窄，只能供人骑行与步行 | 连接村落外围道路和内部主要街巷，道路呈现"短而直"形态，依附主路街道而成为空间转换与过渡的区域，丰富空间体验 |
| | 10 | 4.52 | 位于美术馆广场西侧，道路较为短小宽阔，北侧连接民居，有良好的空间过渡性 | |
| | 11 | 4.58 | 半浦村西侧南北向主路，可容车辆通行，向北达东西向外围主路，向南沟通村内核心道路 | |
| | 12 | 4.61 | 道路位于半浦园、中书第之前，道路笔直开阔，具有良好的视域效果 | |

如表 5-10 所示，将进入半浦村的 6 处入口进行平均深度值的数据采集后发现，入口③、①、⑤、⑦的平均深度值较小，说明对半浦村内的街巷均有较便捷的可达性。其中③、①、⑤均位于村落北侧的外围主路上，是居民和游客进入村内最主要的路口，入口③附近设有餐馆，入口①设有公交站点。入口⑦则位于研究区域的东南角，向北可直达美术馆、广场、村委会以及公交站点，向西视野开阔，可抵达村内的堰塘、中书第和半浦小学，向南直通姚江边，向东跨桥再向南可进入半浦村的渡口街与半浦古渡。可以说，入口⑦是半浦全村各个片区的连接点，具有重要的交通枢纽意义，也是村内车流交汇最多的节点。入口④、②的平均深度值较大，表明其通达性相对较弱，道路更多服务于熟悉村落环境的居民，街巷相对

窄小曲折，内部连贯性较弱，部分道路与民宅的庭院空间有所交融，公共性较差。入口⑥平均深度值最高，表示其到达村内各空间都较为困难，它位于半浦村西北角，为西、北两条道路的交汇处，与村内相隔甚远。

表5-10 半浦村入口平均深度值

| | 入口③ | 入口① | 入口⑤ | 入口⑦ | 入口④ | 入口② | 入口⑥ | 全局 |
|---|---|---|---|---|---|---|---|---|
| 平均深度值 | 4.23 | 4.38 | 4.38 | 4.41 | 4.58 | 4.65 | 4.99 | 4.98 |

通过对半浦村街巷空间和入口空间深度值的分析发现，两者息息相关、相互印证，能连通宽阔街巷的入口空间深度值较低，而便捷性高的入口往往连通着村内主路。

## 二、可视层

半浦村空间可视层的量化分析，是观测并解读村民或游客在步行活动中可视范围的各种句法变量。一般是指在行进路径中，基于平均人视高度（1600毫米）得出的可视域数据。由于研究区域的空间尺度较大，在Depthmap视域模型中设置1500毫米×1500毫米的视点矩阵，然后生成每一视点的视域并度量每一视点的视域特性及与其他所有视点的可视关系，最后赋予视点冷暖色彩以表示不同的度量关系。影响半浦村空间可视域范围的因素包括所有遮挡人视高度的要素，如基础住宅分布、成片高大绿植、街道服务设施、公共广场隔墙、临时性建筑等。①

### （一）视域连接值

连接值测量与某空间直接相连的空间数目，用可视层连接值来分析各空间在其视线范围内能看到的其他空间的面积，即空间的可视性。本节将从半浦村连接值中的"村落"层级和"街巷"层级出发，对半浦村进行从宏观到中观尺度上的认知与解读。

如图 5-15 所示，半浦村外部连接值较高，内部连接值普遍偏低，整个村落形成一种自外向内逐步封闭、收缩的视觉感受，大致可分为三个层次：一是北部、西部、南部的高连接值区域（表 5-11）；二是村落南侧局部及北侧临河的中连接值区域；三是村落内部的低连接值区域。结合实地调研，村落的北、西、南面都分布着大面积视野开阔的农田，视线通过率高，可视范围广，形成自然大气、浑然天成的空间体验；向村落内部行进，在经过村落外围的河流、绿地和堰塘等开阔空间后，视野逐渐收缩，开始体会到自然与人工景观的巧妙之处；村落内部建筑密集，穿行的街巷两侧围合度高，视线受阻且少有视野开阔之处，呈现出深邃、封闭的视觉效果，与此同时，有利于人们对传统建筑的造型、质感、色彩等细节处更为关注。由此可见，连接值所对应的视野变化，实际上是人们对于空间尺度与风貌的感知。可以说，在空间尺度、风貌特征变化的过程中，人们获得了丰富的视觉体验，同时，心理感受与空间想象也随之升华。

---

① 参见刘皓《基于包容性理念的城市街道步行空间设计研究》，硕士学位论文，东南大学，2020 年，第 83 页。

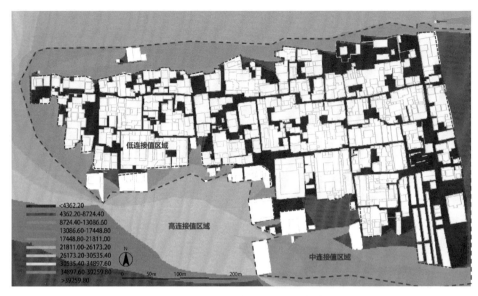

图 5-15 半浦村视域连接值分析：村域范围

表 5-11 半浦村周围连接值分析

| 空间方位 | 连接值 | 说明 | 实景照片 |
|---|---|---|---|
| 北部 | 24109.10 | 北部民居临水而建，顺"卫生院河"带状排布，河道以北为外围主路及大片农田，地域开阔，视野不受阻碍 | |

| 空间方位 | 连接值 | 说明 | 实景照片 |
|---|---|---|---|
| 西部 | 33516.00 | 村落西部边缘地带，此处临近西大河的民居较少，由农田和小丛林组成，可视性强，视野通透 |  |
| 南部 | 32886.40 | 村落南面基本为农田区域，只有少量的设施用房，且农田临近姚江，水景依稀可见，视野开阔性极强 |  |

　　继而进行街巷空间可视层连接值的计算与分析。（图5-16）将村落可视层的计算范围进行调整：北侧界线为包括卫生院河的东西向外围道路外侧，剔除了北部农田；东侧界线为文卫路右侧边界；南侧界线为村落南部外围主路外侧，同样剔除了农田；西部则由于住宅分布密集，在考虑到软件负荷过重、且不影响计算与分析的情况下进行了范围内缩，以该区域贯穿南北的路径为边界，并包含了停车场空间。

图 5-16　半浦村视域连接值分析：街巷范围

从空间句法的连接值计算结果来看，半浦村街巷空间的视域平均连接值为 1220.45，其中小于该平均值的区域占 60.59%，最大值为 4630，而最小值仅为 4，差异较大，由此可见半浦村街巷空间的视域连接值整体偏低，视野收缩，内聚性强。结合图 5-16 可知，半浦村外围道路及河流、堰塘等水系空间视野较好，可形成良好的景观效果；村内民居排布紧凑，但视线可以穿透院落半墙、漏窗或是步行不可穿越的菜园、绿地等，由此形成了局部的开阔视野。这些视野开阔之处与相对封闭的街巷一起，可形成抑扬顿挫的空间体验。

对比一下可行层与可视层两组连接值发现（图 5-17），半浦村

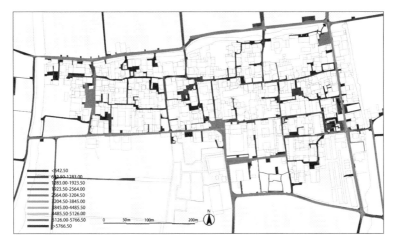

（a）可行层视域连接值

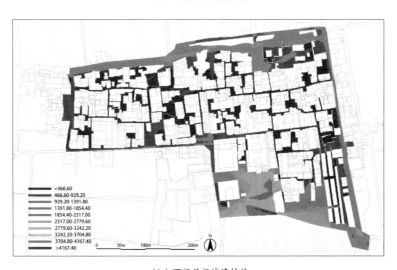

（b）可视层视域连接值

图 5-17　半浦村可行层与可视层视域连接值对比

内的建筑外立面、绿化、菜园、堰塘、河流等可视性元素影响了两者视域连接值的计算。镂空的外墙立面、低矮的绿化、铺地式的菜园、堰塘、河流等，使得可视层的视野几乎不受阻碍，从而丰富了半浦村街巷空间的视觉体验，也让人们感受到了街巷空间的开合错落、主次变换以及远近疏密等美学意蕴。可行层与可视层连接值最大的变动，也是可视层连接值最高的区域，位于中书第门前的堰塘与绿地。如图5-18所示，该空间位于中书第与半浦园南部，设有游览小径和观景平台，且此处往南以广阔的农田为主，空间渗透性极强，视野通达性更好。

图 5-18 半浦村中书第门前绿化区域

## （二）视域聚集系数

聚集系数是视域分析中一个重要的概念，意指"空间边界在视觉方面限定效果的强弱"。聚集系数的值越高（图中表现为红色、黄色等暖色系），就表示这个元素受到的遮蔽越强烈，它附近的空间边界在视觉上的限制作用越强；反之值越低（图中表现为蓝色、紫色等冷色系），表示这个元素受到的遮蔽越弱，它附近的空间边界在视觉上对其并无太大限制作用。[①] 半浦村聚集系数分析图中显示（图5-19），村内大部分区域呈红色或橙色，这表示相对应的空间聚集系

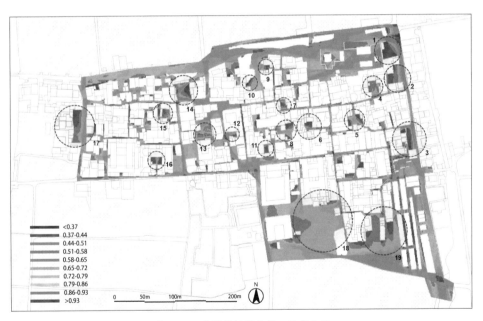

图 5-19　半浦村视域分析：聚集系数

---

① 参见王静文《聚落形态的空间句法解释——多维视角的实验性研究》，中国建筑工业出版社 2019 年版，第 55 页。

数较高，空间的遮蔽性较强，属于围合性、私密性较好的区域，可见村落在生成及演变过程中，构造并保持了良好的防御体系。

将该聚集系数分析图与村落平面图叠加分析，发现遮蔽性强的空间主要是窄小的巷道中段、尽端路和被民居围绕的公共空间。半浦村内民居布局紧凑，街巷与建筑紧密相连，使得部分巷道被双重视线所限制，这也造就了尽端路以及被住宅围合而成的公共院落的私密性，这些空间适合当地居民进行坐歇、闲聊、下棋等静态活动。而美术馆广场、半浦文创园广场和街巷交汇处等公共空间的聚集系数较低，其开放属性使这些空间边界的视觉限定较弱，视野较为开阔，适合转移、健身、展演、广场舞等动态活动。

值得关注的是，半浦村街巷一侧或两侧往往会出现局部的放大空间，这些空间的形式与功能也不尽相同。结合聚集系数分析图发现，街道旁侧的局部放大空间普遍具有较高的视线聚集系数，与街巷交汇处冷色系明显不同，这意味着该空间边界的视觉限定效果强，空间私密性较好，是使用者潜在的停留空间。将一些典型的、高聚集系数的局部放大空间一一标识，形成不完全统计表。（表5-12）需要说明的是，图5-19中18和19两块区域，其南面实际上是大面积的农田，但在句法计算中将边界默认为视线阻隔，因此产生了明显的边界效应，所以这两处的聚集系数存在较大偏差，类似现象还有村落北部和西南部的外围道路。与此同时，图5-19中东西两侧的道路边界2、3、17三块区域，是由相对密集的建筑外立面构成，所以形成了事实上的视线限定。

表 5-12  街巷局部放大空间

| 形式 | 分布区域 | 平面图（示例） | 聚集系数 | 实景照片 |
|---|---|---|---|---|
| 形式一<br>街巷两侧 | 5、7、9、10、12 |  | 0.86 |  |
| 形式二<br>街巷一侧 | 1、2、3、17 |  | 0.95 |  |
| 形式三<br>街巷尽端 | 4、6、8、9、11、13、14、15、16 |  | 0.86 |  |

　　将聚集系数图示结合实地考察，发现空间形式一、二通常作为居民通行、停驻和交流的场所，或是作为固定功能的使用空间，比如停车场。这两类空间在提供安全庇护的同时，偏向于公共性和开放性，通行与停驻行为相互间存在干扰。形式三是"尽端空间"，如街巷尽头、公共院落等，作为私密性与领域性最强的空间，往

往服务于附近的居民，是熟人或是小范围人群的聚集处，开放程度低。

综合视域集成度、连接值和聚集系数等相关句法变量，可以较好地解释人们在公共空间中的行为模式。一是人们更容易聚集在村落中易被察觉、视野更开阔的空间，这是由于受视线转换较少的影响。二是人们在开放空间中静态活动时，如休憩、闲聊等，乐于聚集在背靠大树、隔墙或四周有一定围合的视域聚集系数较高的、视觉受遮蔽较大的角落空间，可以在观察别人的同时不受关注与干扰；而动态活动的发生，则往往在视域集成度和连接值较高的区域，因为这些区域拥有更为丰富的互视关系，能满足人们交流、联谊的需要。三是街巷的交汇口或转折处，具有信息转换和引导人流的重要作用，这里通常可以设置路牌引导人们快速通过。四是街巷局部放大空间往往是人们乐意停驻、交流的场所，源于此处形成了一定程度上的凸空间。

# 第四节　研究结论

空间句法理论从比尔·希利尔教授提出到现在已有四十余年，但可谓历久弥新。本章选取了半浦村历史文化遗存较为集中的西区，将其看作一个有机的空间整体，从宏观的村域层级和中观的街巷层级解读了村落的公共空间，结合半浦村的历史文化与自然环境以及发展规划框架，得出以下结论：

第一，道路结构清晰，建筑组团分布。半浦村西区空间系统整体具有较高的集成度与空间渗透性，道路层级分明，民居区块界线清晰。西区村域四周环绕的外围道路、护村河，风车状的中心街巷交汇处和向东延伸的孙家弄一街以及纵横交错的三级巷弄，将村落划分、连接为10个组团。全局集成核集中在村域中心，即四条街巷风车状交汇处及其东侧孙家弄一带。局部集成核与全局集成核高度重叠，并在其四周形成局部中心，基本渗透到村落各处，与村域的组团特征相符。集成核覆盖的街区视野相对开阔、通达性好、公共性强，同村内的生活设施、历史节点、文化景观一起形成较易辨识的公共空间形态，是附近居民生活出行、休闲娱乐、聚集交谈、日常商贸等社会活动的主要场所，对外来人员也较为友善。

第二，"对外防御，向心内聚"的空间形态。半浦村西区由外向内视野逐渐受限，对比外围开阔的农田、水域景观，村落整体呈现封闭、内聚的形态特征。村内的街巷以线性分布为主，民居建筑排布紧密，大面积的集散空间较少，因此集市、广场、礼堂等公共活动空间的面积受限，集中在文创园、美术馆、联心亭、小菜场几处。可以说，轮廓分明的村落边界、紧凑的建筑分布以及集中在村落几何中心的集聚空间，使半浦村西区呈现出向心、内生的空间布局。而外围护村河怀抱、内部路网通达也体现了"向外防御，向心内聚"的整体空间形态特征。与此同时，大部分巷弄位于街巷的尽端或偏僻的末段道路，呈现出渗透性强却又各自独立的空间连接特征，从而满足村落居住地块的私密性与安全需求。

第三，"一街串三区，环水流其中，景点随处有"。结合前文提到的半浦村发展规划框架，与句法分析的结果比对发现，两者较为一致。孙家弄一带在句法计算和实地调研中，都是人群聚集与人流量较高的区域，在其附近有孙家、九间头、五间头等历史建筑，可以形成体现运河商贾文化的中央景观区。而半浦小学、中书第、二老阁等文保单位也集中在高集成度的村落西南侧街巷附近，将其规划为展示村落大族的历世聚居和兴文重教风气的古村遗风区，也是合情合理的。该区现建有半浦文创园，建筑造型与材料质感也较为符合文化、教育属性，且与周边环境融入性较好。护村河主要包括灌江、卫生院河以及西大河，除了水系本身所具有的生态效益以外，从视域模型分析来看，这些河流以及两岸延伸段均具有开发的潜力，其中有不少景观敏感点，可以成为赏景或景观标志物的理想点位。"景点随处有"更是体现了半浦村西区的组团特征，每一处民居组团都会有一些历史遗存，与之串联的街巷也往往保留了传统风貌，由此形成线性的古村文化魅力展示带，是利于组织步行参观的游览路线。

下凉亭

大西坝旧址

大

街

长

道

外

对

临

## 第六章

浙东运河宁波段传统村落保护与发展策略

本章基于前述章节对浙东运河宁波段传统村落公共空间的地域特色、空间形态与句法解析的研究所获，总结运河村落 [①] 公共空间所面临的困境与未来发展的机遇，结合传统村落保护发展的普适性原则，提出运河村落公共空间改造与更新的具体策略。通过大西坝村实例，探索运河文化再造、空间内涵延续的设计路径，以期实现对运河村落公共空间合理有效的保护与开发。

# 第一节　浙东运河宁波段传统村落面临的问题与契机

## 一、面临的问题

当下浙东运河宁波段传统村落面临的主要问题，可以归纳为三大方面。一是在城镇化过程中，社会、经济结构的剧变以及人们的

---

① 本章中所述的"运河村落"，一般指"浙东运河宁波段传统村落"，为简略言之，简称为"运河村落"。

价值观、生产与生活方式发生变革，与运河相关的功能区逐步消失或发生了重大转变，导致运河村落的乡土形态与历史文化特色逐渐丧失。大量劳动力输出，村落空心化、老龄化现象日益凸显。二是自然环境也受到了现代化、工业化、商业化进程不同程度的影响甚至破坏，如过量施肥和喷洒农药导致生物多样性降低；村民生活污水、企业工业废水等处理不当使水源水质受损；等等。此外，每年的台风季、雨季，河床水位上升、村落内涝现象也较为严重。三是保护观念与法律意识的淡薄，人为破坏现象层出不穷。其中水利工程设施保存状况不佳、村民"拆旧建新"以及自上而下的破坏，是运河村落人为破坏的常见现象。为了满足生活需求，村民随意、自主地改造、拆除传统建筑，使村落风貌与公共空间发生低层次的畸形变异。与此同时，政府部门与开发商在村落开发的过程中，忽视有历史价值的古民居、古街道而擅自破土动工，给村落的原真性、完整性造成了不可逆的创伤。

## 二、发展的契机

面临困境的同时，运河村落作为有地域特色的传统村落也迎来了发展的契机。在新农村建设、美丽乡村和乡村振兴的宏观背景下，2002 年以来，宁波市政府积极组织申报国家级、省级历史文化名镇名村，并积极推动、实施了特色名镇名村的建设。政府集中全力打造一批特色景观旅游名镇名村、文化名镇名村、生态（农业）名镇名村。截至 2020 年，已有 4 个村镇获评"特色景观旅游名镇名村"称号；10 个村成为"中国历史文化名村"；28 个村落入选"中国传统村落"名录。目前这些传统村落已逐步开展了保护修缮、规划开发等项目实施工作，其中就包括大西坝村、半浦村等运河村落。还有许多村镇已顺利完成名镇名村的项目建设，村容镇貌明显改观，基础设施和公共服务进一步完善，特色产业发展迅速，达到了预期成效。

随着传统村落保护、特色文化旅游项目的开展，宁波山水环境、传统村落、历史建筑等文化特色得到了越来越多的关注。但总的来说，这些项目的开发仍处于起步探索阶段，且侧重于村落物质环境方面的整治、增设，以改善村民的生活环境、发展旅游为主要目的。对村落历史文化特色的挖掘和保护仍然不足，对内在社会形态的重视也远远不够，对文化路线的发掘还多流于表面。因此，在村落整治和建设层面，如何和谐地将浙东运河文化、生态环境与现代性生活元素相融，如何使新增公共设施不破坏历史文化环境，尚待探索。


# 第二节　公共空间保护与发展的原则与策略

公共空间作为运河村落中民俗文化及日常生活载体，在运河文化保护与传承方面极具价值。鉴于其存续和发展正面临着类型减少、活性降低及内涵缺失等危机与困境，建立一个有针对性的保护与发展体系迫在眉睫。本节参考当下传统村落保护与发展的原则和策略，针对浙东运河宁波段的地域特色与运河文化传统，就保护的对象范围、保护的基本原则与策略进行阐述，并对宁波传统运河村落公共空间的传承发展提出建议。

## 一、保护的内容

公共空间具有社会与物质的双重属性，因此对公共空间的保护要同时关注其物质形态、公共活动以及社会交往方式。

村落公共空间的物态空间是由各种类型公共建筑与开放的公共场所形成的有机整体，包括各类宗族性、集体共有的祠堂、村委会、广场等公共空间，还包括生活、生产设施及形成的活动空间，如桥梁、码头、堰塘、围墙、篱笆、街道、田埂等。自然环境则是运河村落存在与发展的基础，是公共空间的宏观构成，如田野、河流、风水林等。因此，自然环境、公共建筑与开放场所，均是运河村落公共空间形态与结构不可或缺的组成部分。与此同时，保护运河村落公共空间，还要保护村落中普遍存在和约定俗成的活动形式、无形的意态空间。例如村落中的商贸活动、节庆仪典、红白喜事等；公共生活、民俗活动所留存下的有意义的印记，如古碑、石刻、村规民约等；公共空间的营造文化、习俗、技艺等非物质文化遗产，都应纳入传统村落公共空间保护的内容。

综上，运河村落公共空间是村落发展与变迁、文化冲突与融合的历史见证、记载与延续，在确定保护对象与范围时，要用历史的、发展的、整体的、动态的视野来评估、审视，注重整体空间结构的保护与传统习俗的传承，以及优秀历史文化的挖掘与弘扬。[1]

---

[1] 参见韦浥春《广西少数民族传统村落公共空间形态研究》，中国建筑工业出版社 2020 年版，第 225 页。

## 二、保护与发展的原则

目前对于传统村落的保护与发展原则，国内外专家学者的观点不尽相同，归纳起来有以下几点共识：①原真性。包括设计与形式、材料与实体、传统技艺以及周边环境的原真性。②现实性。认识到变化和发展的必然性以及尊重已建立的文化特色的必要性。③地方性。尊重传统村落和建筑的文化价值和传统地域性特色。④景观性。必须认识到传统村落和建筑是文化景观的组成部分。⑤整体性。保护存在过程中的全部历史见证，保护范围以传统村落为整体，包括其生态、景观、布局、结构以及造型色彩等。⑥分类保护。根据历史、文化的综合价值予以分类和判断保护方式。⑦参与性。只有原住民的真正参与，才能使传统村落保护具有现实意义。⑧动态、可持续性。保持传统社区的稳定与居民生活的正常秩序，保证居住环境的改善和生活水平的提高。①基于上述理解，运河村落公共空间的保护原则与发展策略应在与传统村落保护原则协调的基础上，更聚焦于体现公共空间的特性，具体有以下几点。

第一，以运河文化、公共生活方式的延续唤回场所精神。运河村落与公共空间的营造依赖于先民对自然条件、社会环境与空间场所的体认与适应。空间不仅是生产生活的场所，更是先民聚族而居的社会单元和精神领域。寻找和挖掘运河村落公共空间的地域文化和社会价值，动态延续传统社会秩序与公共生活方式，以此理解运河村落特有的公共空间意义，唤回逝去的场所精神。

---

① 参见熊伟《广西传统乡土建筑文化研究》，博士学位论文，华南理工大学，2012 年。

第二，以空间保护来展现地方传统、文化风俗。公共空间是容纳、传承与发展传统文化的重要载体，通过空间的保护唤起村民对地方传统、社会秩序的记忆，用物质形式的留存来帮助非物质文化进行长久存续。对于具有悠久历史、卓越艺术价值和完整空间形态的运河村落与公共空间，应给予全面、严格的保护，通过对运河历史的了解尽量还原传统的物质空间形式。公共空间的保护使仪式、场景和象征元素可以在村落公共空间中活动和展示，从而保持了空间的本义与特性，并让参观者有机会了解和融入到村落历史、族群记忆当中。

第三，以改造、再利用来重塑公共空间形态。对于多数村落，如果严格保护的意义不大，则主要引导其在保持自身特色的基础上，结合现代生活需要，采用新的建构技术和建筑材料重新营建新的公共建筑或空间，结合运河村落空间形态结构特征进行空间布局，引导运河村落的时代更新。比如延续了传统风貌的公共建筑，可在不改变外立面和建筑结构的前提下，适当提升内部功能、改善生活条件，维持传统建筑内的日常公共生活，激发村民公共活动的热情，也让参观者亲身体验村民的生活场景，展示和动态保护公共空间形态。

## 三、保护与发展策略

围绕着上述运河村落公共空间保护与发展的原则，可以进一步提出具体的保护与发展策略。

### （一）保持、维护村落整体风貌与公共空间结构

作为运河村落的重要组成部分，公共空间的保护与更新应以运

河村落的整体格局及风貌为导向。在进行保护和发展时应与特定的自然环境、生产生活方式相适应，体现出地方特色，因而并不适宜提出统一、详尽的强制性标准，而是参照村落的经济、社会发展水平，针对居民的实际需求，客观评估空间的历史文化价值，依据不同的策略和重点进行保护与发展，始终保持地域、运河特征与改善场所条件并存。

在整体形态与风貌层面，采用"低度干预"的方式梳理较为宏观的村落格局、肌理秩序和面域功能等问题。一方面是控制性干预，顺应传承至今的村落结构、秩序，减少潜在的破坏；另一方面是修建性干预，以微创介入的方式，延续村落整体环境由来已久的自然生长状态。措施包括：在空间结构上，保持原生格局、肌理，对受损部分适当清理调整，并做合理发展；功能方面，在尽量降低对村落宏观格局与秩序的影响的基础上，谨慎对待公共空间布点、基础设施敷设[1]。

空间结构是公共空间形态组织的内在逻辑，是人们认知环境的重要途径，是保持运河村落公共空间认同感与识别性的关键要素。因此，公共空间结构的保护要求对村落的内在社会秩序有深入的了解与认识，对于宗族组织、公共生活方式形成清晰明确的"心理地图"。对于有形的自然或人工标志物、节点、边界等形式要素，如庙宇、凉亭、河道、码头、堰塘等，应予以保存并注意控制其周围的建筑物与环境，避免产生干扰；对无形的结构要素与形式，则应通过秩序重构，动态延续传统的宗族认同与公共生活方式，使村落

---

① 参见王竹、钱振澜《乡村人居环境有机更新理念与策略》，《西部人居环境学刊》2015 年第 2 期。

公共空间的外在形式与其内在的社会逻辑及生活方式有机相融。

例如，在大西坝村的保护与发展中，应注重梳理并保持其"一街临水、梳状渗透"的空间结构，这是与传统的"水运贸易—商业组织—家族资本—宗族社会"的村落社会组织结构相适应的。新建、改建的建筑与布局，应遵循这种以临河长街为中心向内陆一侧渗透的空间结构与层级秩序，保留村落原真的格局风貌，将其内含的结构逻辑与社会关系相连。

### （二）公共空间的存续与更新

#### 1. 还原、再生礼俗空间

节庆民俗是公共生活的重要组成部分，它通常有固定的行动规则与活动空间。因此，在此类公共活动承载空间的保护过程中，首先应当梳理传统的祭祀、节庆、人生礼仪等活动举行的时间、空间、路线、参与人员等具体事项。通过礼俗空间的修整，一方面还原空间功能，恢复传统仪式进行的场所，重构村民共同行为与群体认同的渠道；另一方面通过仪式的现代转译增强村民对传统生活的记忆，重塑族群意象。

#### 2. 存旧、续新日常生活场景与公共空间

日常生活场景通常对应于田地、街巷、宅前屋后等生产生活与交往空间。日常的公共活动虽不具有节庆仪式般的具体形式和规定，但它是村民最平常、最真实的生活状态，是运河村落"内部原真性"的重要体现。日常生活场景及其公共空间保留与延续的方式主要包括：

其一，梳理杂乱的和被占用的传统建筑附属空间，拆除与传统

建筑相冲突的新建建筑和构筑物；恢复被填埋的堰塘，保持其蓄水、生态功能；使堰塘、晒场、菜园等成为具有生产生活性质的公共空间。

其二，梳理运河村落道路体系，让主要道路串联大部分传统建筑和空间要素；疏通被构筑物、植物丛、废弃杂物阻挡、隔断的宅间小径，保持其通达性。

其三，保护运河村落的自然环境要素，恢复"宅—田—水"的生态空间格局，禁止环境协调区内任何破坏性的建设。

其四，修复残破、废弃的凉亭、古桥、碑刻等历史要素，恢复历史要素周围村民的交流、交往空间，提升历史要素的文化景观和场景构筑功能。

其五，对于不可恢复的历史空间赋予其新的时代意义。如半浦村将村落中的教育类公共建筑——半浦小学，改作村落历史文化展示与体验的基地，村规民约、生产工具、历史照片等都可作为见证村落历史与运河文化的展示内容。

3. 营建新的公共空间

公共空间的营造应采用"本土融合"方式，主要针对微观层面的形制、形式与点域功能。鉴于运河村落中公共服务设施普遍匮乏的现状，新的公共空间势必作为异质空间介入，这就要求其与本土建成环境融合共生，保持、延续地域性特征。在形式方面，公共空间应与村落民居融合，具体形式应吸收地方性传统建筑特色；在功能方面，则关注其对于当地乃至周边村落的复合作用，扩大公共空间的实际功效。

4.将公共空间作为运河文化、地域特色的载体与展示平台

公共空间是村落运河文化与地域特色的传承，因此也更易成为村落的重要标志。在对运河村落公共空间的保护与更新中应重点营造重要的公共空间节点，以街巷传统肌理的延续、保留为基础，结合村落人群活动频率与分布，突出核心公共空间，对运河文化要素加以甄别与再利用，使其成为村落之间具有差异性的亮点和特色，避免造成"各村皆大同"的面貌。例如，大西坝村作为姚江进入宁波内河航道重要节点的运河村落，庙宇、水利设施、临河长街是村落信仰、航运、商贸活动的重要空间，这类空间及周边环境应作为特色节点而进行营造，延续传统的形式与风格，并与其他的民俗空间结合，梳理村落公共空间的结构关系与秩序，整合优化民俗特色资源。而半浦村则是以运河通航枢纽为基础，以"官、商、农"三位一体文化为主导的村落，村中的半浦渡、茶栈、中书第、二老阁等公共空间与环境，承载着村落运河经济、历世聚居和兴文重教的意义与价值，需完整保存其空间形态。

（三）空间信息资源库建设

"互联网＋大数据"的意义不仅仅体现在庞大的数据库资源，基于数据的专业化分类整理、保存与研究，更有利于对实物环境与资源的保护，以及通过互联网向大众分享与传播有价值的信息。因此，运河村落空间信息数据库的建立无疑有利于对运河村落进行系统的、精准的、时空维度的定量研究以及相应的保护与开发。基于对运河村落的特征解析，确定数字资源库的规范与标准，将特征值作为数据输入系统，借助视频、音频、图片等信息资料把运河村落

的空间结构、建筑形式、结构形制以及传统文化等全部信息与细节扫描保存，形成数字化的资源库，再通过互联网为公众提供数字化展示、教育以及为研究者提供开放数据，可实现信息的共享、交流与开发利用。[①]

综上所述，运河村落公共空间的保护与发展，应在坚持"原真性、动态性、地方性、景观性、整体性、参与性和可持续性"的宏观村落保护原则的基础上，聚焦于作为运河文化、地方传统和场所精神的载体与展示舞台的公共空间，以"传统风貌保持、空间结构维护、生活场景重现、礼俗空间再生、新空间融入"等策略，对运河村落公共空间实施因地制宜、切实可行的保护规划措施，从而提升运河村落的文化魅力与空间活力。与此同时，建立相应的村落空间数据库，可形成信息传播与分享以及后续研究与实践的可持续发展。下文将结合具体案例，通过空间句法的量化数据，对保护规划方案实施前后村落公共空间的各项指标做出比对与分析，以此反馈公共空间保护发展策略的适用性。

## 第三节　案例分析

本节选取运河村落大西坝村街巷空间作为分析案例，结合前文对其街巷空间现状的定性与定量解析，根据《宁波市海曙区大西坝历史文化名村保护规划》的优化方案，比较两者的句法计算结果，从而探讨保护与发展策略的实施情况，并反思后效、总结经验。

---

① 参见韦湦春《广西少数民族传统村落公共空间形态研究》，中国建筑工业出版社 2020 年版，第 226—230 页。

# 一、大西坝村街巷空间概况

## （一）区域背景

大西坝村，自古就是明州连接浙东运河——余姚江至杭州的航道要津，被誉为"浙东运河上的甬城门户"。因此，大西坝村既有原生村落有机生长的自然呈现，又有着厚重的运河文化底蕴。村落在 2016 年成为浙江省第五批历史文化名村，从而以运河文化、传统风貌特色加以保护与开发。

大西坝村现村域面积约 8.94 公顷，传统街巷共 6 条。村落在保护和发展过程中主要面临以下问题：村落内寂静空荡，街巷空间活力消沉；街巷空间界面风貌不佳，拆旧建新，传统风貌破坏较重；运河特色的节点空间设施简陋且不完善，水利工程遗存保存状况不佳。

## （二）街巷空间结构

在以水运为主的古代，大西坝村三面环水，大西坝河自西向东环抱着全村。历史上大西坝村过往客商众多，集市贸易繁荣，由临河长街向内陆逐渐渗透，村落空间不断拓展。临河长街紧邻河流一侧，成为村落街巷系统的主干，其他街巷与之垂直交汇，并依次向内陆分散，街巷整体呈现"梳"状布局，导向分明。（图 6-1）目前，村落中的临河长街和外围道路呈椭圆形怀抱着整个村落，成为村落空间的边界。图中 A、B、C、D 四段位于村落中心位置的短街巷，串联起村落中与之垂直分布的 5 条历史街巷，成为村民日常生活中重要的交往场所。

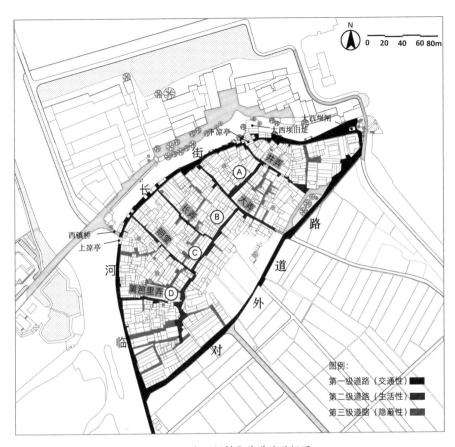

图 6-1　大西坝村街巷道路层级图

## 二、保护规划方案分析与反思

《宁波市海曙区大西坝历史文化名村保护规划》中对街巷空间的保护开发提出了具体的规范与要求。简述如下：①"建筑保护与整治模式"。拆除风貌较差、质量过差，或严重破坏整体风貌且不易整治的建筑，原址拆除后可辟为绿地或开敞空间。②"传统街巷保护"。保护街巷的走向、宽度、空间尺度，要求贴线建设，保证界面连续性。③"道路交通规划"。步行主路包括5条长弄，根据现状条件，宽度不小于3米，并考虑应急情况下可作为消防通道。步行次路指与延伸至各个院落的多条步行巷弄，控制宽度不小于2米。

于是在保护更新的规划方案中，提出遵循原有街巷结构，将村落西南侧区域的街巷与临河长街、对外道路的路线疏通，以期将村落外围街道的人群活动自然引导至临河长街与街巷内部，同时将中心短街巷打通串联，构成完整流畅的步行交通网络的总体思路。在此过程中，拆除、清理部分质量差及违建占道的房屋，开辟为小型的公共活动场地，以局部放大的节点空间联系支巷与居住院落，有效提高街区的可达性与畅通性，同时提升临河长街的滨水景观，凸显运河文化特色。上述思路与设计策略，目的是在保护村落原有空间结构的基础上，提高局部街巷空间的集成度、选择度，进而盘活周边而重塑街巷活力，并增强核心空间的文化体验。

为了更直观地观察更新前后街巷空间的形态变化与改造效果，借助空间句法将更新前后的街巷空间图、轴线模型、视域模型进行对比，量化验证规划方案的合理性及有效性。整体来看，改造后街巷空间的轴线数量下降，各项量化指标都有一定的提升。(图6-2、表6-1)

（a）更新前街巷空间　　　　　　　　　　　（b）更新后街巷空间

（c）更新前轴线模型　　　　　　　　　　　（d）更新后轴线模型

图6-2　大西坝村街巷空间轴线模型比较图示

表 6-1　街巷空间规划更新前后量化数据表

| 变量 | 轴线数量 | 全局集成度 | 局部集成度 | 连接值 | 深度值 | 可理解度 |
|---|---|---|---|---|---|---|
| 现状数值 | 115 | 1.05 | 1.39 | 2.78 | 5.33 | 0.84 |
| 更新后数值 | 101 | 1.17 | 1.53 | 2.97 | 4.78 | 0.88 |

（一）轴线模型分析

集成度计算后，得出规划方案全局集成度（$R_n$）为 1.17，局部集成度（$R_3$）为 1.53。比较分析大西坝村街巷空间更新前后的轴线模型图（图 6-3），发现空间全局集成核位置没有因为街巷更新而发生变化。这反映出虽然街巷更新后局部结构有所变化，但空间内在组构关系与原来仍然相似。而局部集成核的数量和位置有所变化，局部集成核 1 与 2 与现状保持一致，其他集成核位置因街巷整治均出现了一定程度位移，并且在村落中心西南侧的街巷出现了新的局部集成核 6，其与临河长街的局部集成核 4 联系更为紧密。如此一来，便形成了活力核心分布更为均衡的街巷网络［图 6-3（d）］。从表 6-2 的集成度比对数据来看，各条历史街巷及 A、B、C 段的集成度均有提高，可达性增强。这说明在延续原有街巷空间结构的同时，提高了街巷的可达性与使用效率，实现了重塑街巷空间活力的目的。

（a）更新前全局集成度图示

（b）更新前局部集成度图示

（c）更新后全局集成度图示

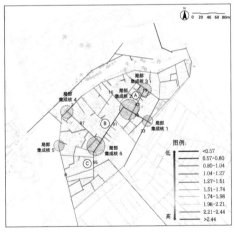

（d）更新后局部集成度图示

图6-3　更新前后集成度比较图示

表6-2　集成度更新前后分析对比综合数据

| 状态 | 名称 | 井弄 | 大弄 | 长弄 | 明堂 | 篱笆里弄 | A段 | B段 | C段 |
|---|---|---|---|---|---|---|---|---|---|
| 现状数值 | $R_n$数值 | 1.24 | 1.60 | 1.20 | 1.50 | 1.17 | 1.24 | 1.50 | 0.99 |
| 更新后数值 | $R_n$数值 | 1.38 | 1.81 | 1.41 | 1.58 | 1.38 | 1.40 | 1.95 | 1.61 |
| 现状数值 | $R_3$数值 | 1.89 | 2.46 | 1.75 | 1.75 | 1.88 | 2.02 | 2.38 | 1.49 |
| 更新后数值 | $R_3$数值 | 2.07 | 2.48 | 1.98 | 2.27 | 2.02 | 2.33 | 2.68 | 2.37 |

更新前后街巷空间的选择度，也有所变化。（图6-4）图中显示，更新前临河长街和对外道路是高选择度路径，而更新后村落内部中轴线街巷成为交通穿越程度最高的地方。选择度由村落外围道路向内部中轴线街巷转变，预示着更新后，村落内部的交通潜力被进一步激发，并由此增强村落内部步行相遇、相互交流的可能。除了这条选择度高的轴线以外，其余分布在村内的巷弄选择度都较

（a）更新前全局选择度图示　　　　（b）更新后全局选择度图示

图6-4　更新前后选择度比较图示

低，这就保证了村民生活的私密性与安静的生活环境。

（二）视域模型分析

街巷空间的视域集成度比较如图6-5、表6-3所示。更新后街巷空间中可行层全局视域集成度数值由3.44上升至4.09，可视层集成度数值由4.78上升至4.91，可见街区整体的视域集成度有了明显的提高。进一步分析可行层视域集成度发现，篱笆里弄尽端区域路径颜色与现状相比有了明显的暖色变化，这说明该区域拆除违建后形成宽敞的节点空间，整体可视性明显提高，同时周边相连街巷的互视程度也相应增加。具体来说，此节点空间北侧与中心道路相连，道路平直宽敞；西侧视线穿过篱笆里弄能望见临河长街与河流，视线通透性较好；其南侧方向道路宽度较大，也有着良好的空间视域。于是，此节点区域视域集成度更新后大幅提升，形成了新的局部核心。

（a）更新前可行层视域集成度图示

（b）更新前可视层视域集成度图示

（c）更新后可行层视域集成度图示　　　　　　　（d）更新后可视层视域集成度图示

图6-5　更新前后视域集成度比较分析图示

表6-3　更新前后视域集成度综合比较数据

| 状态 | 名称 | 平均值 | 井弄 | 大弄 | 长弄 | 明堂 | 篱笆里弄 | A段 | B段 | C段 |
|---|---|---|---|---|---|---|---|---|---|---|
| 现状数值 | 可行层 | 3.44 | 3.37 | 4.18 | 2.87 | 3.08 | 2.95 | 3.37 | 3.79 | 2.65 |
| 更新后数值 | 可行层 | 4.09 | 4.28 | 4.71 | 3.78 | 3.83 | 3.67 | 3.98 | 4.67 | 3.80 |
| 现状数值 | 可视层 | 4.78 | 4.23 | 4.83 | 3.03 | 3.15 | 3.44 | 4.78 | 4.51 | 3.31 |
| 更新后数值 | 可视层 | 4.91 | 5.28 | 5.22 | 5.55 | 4.02 | 4.01 | 5.39 | 5.53 | 4.31 |

　　由表6-3可知，各条历史街巷与A、B、C段街巷视域集成度数值较之更新前有了明显提高，其中井弄、长弄、明堂、B段、C

段的视线集成度提升最为明显。这意味着数条街巷本身的互视程度增强，空间开敞性有所提升。不仅如此，通过街巷的打通与整治，带动周边区域的可视程度提高，活化了村落西南侧原本较为封闭的视线环境。由图6-5所示，村落大量原深蓝色区域的颜色转暖，说明原本视线封闭、开敞度较低的空间区域，其视线环境均有所改善，而这些改善之处，恰恰又是大西坝村水系农田、传统建筑与人群分布较为集中的区域。

基于以上空间句法轴线模型与视域模型的量化分析，可以显示出大西坝村街巷空间更新前后空间组构和视域环境的变化，整体村落街巷空间活力都有所提升与改善。总体而言，该保护规划方案对大西坝村公共空间布局、结构与功能的认识与梳理，大致与村落的传统空间组构特征相吻合。

需要强调的是，空间句法是从空间关系的视角分析空间的构形，对于村落一些特殊的文化个性、地方习俗并不能直接解答。而且，空间句法的分析针对的是二维平面，对于实际的三维空间体验也略显不足。因此，需要在空间句法分析的基础上，从中观、微观视角进一步明确与细化公共空间的功能设计、风貌协调与艺术提炼，实现运河文化的现代转译与村落空间的活力重塑。

# 第四节　小　结

目前，浙东运河宁波段传统村落与公共空间的保护和发展面临着社会环境变革、自然环境破坏和人为因素的各种影响，具体表现为物质空间层面的数量锐减、质量衰败、内涵与特色丧失，以及意态层面的公共生活方式变迁与乡土文化的衰退等。与此同时，新型城镇化、新农村建设、乡村振兴等政策的部署与实施，对运河文化、村落遗产价值的重新认识与重视，为运河村落及其公共空间的保护与发展带来了机遇与希望。

围绕着公共空间的保护与发展，本章在遵循分类保护、真实性、整体性、参与性、动态与可持续发展等传统村落保护与发展原则的基础上，提出了具体可行的策略与措施。重点关注运河村落的文化魅力展现与空间活力提升。并以大西坝村为例，通过空间句法的量化指标，比较分析保护更新策略的优化程度与可行性。可以说，除了重视传统公共空间物质形态与精神文化内涵在传统村落保护中的继承与延续，还应注重在美丽乡村、乡村振兴等诸多方面践行运河文化的现代诠释，全面挖掘、保护、传承与弘扬浙东运河宁波段传统村落的营造智慧与公共空间文化。

结　语

浙东运河宁波段沿线的传统村落，作为运河兴衰的见证者和亲历者，守望着千年以来的运河文脉，成为浙东运河文化挖掘与发展的重要载体，体现出人们构建传统人居环境时的营造智慧以及不同时期对自然系统的适应与营建。现代化和城镇化对运河遗存以及传统村落产生了巨大的冲击，并在一定程度上造成了运河文化遗产的流失。因此，如何可持续地保护运河村落，并对承载着运河文化与地方精神的公共空间提出精准的保护与发展策略，越来越受到人们的关注。基于这样的时代背景与研究目标，本书对浙东运河宁波段传统村落的公共空间做了较为深入的调研与探索。本书认为村落公共空间在与自然环境、历史文化互动的过程中，形成了相对稳定的、独特的空间组合模式，它既是村落公共空间与自然环境、历史文化长期互动契合的产物，又起着维护三者和谐关系的作用。因此对于村落公共空间的认知，需因地制宜地提取空间结构，厘清空间与自然、文化的内生互动关系，从而探讨运河村落公共空间变化和演进的动态规律，为规划、设计和决策提供空间干预的科学知识，继而形成运河村落公共空间现象的历史性解读以及提炼出公共空间保护开发的原则与策略。与此同时，空间句法模型结合田野调查，可以将内嵌在空间关系中的自然与文化要素进行可视化表述，并对保护发展方案的预判与选择做出理性分析。其量化结果又可形成运河村落数据库，实现丰富、充实运河村落传承保护利用的基础信息，并对后续研究的深入和运河文化的推广做出贡献。

因此，本书将传统的空间研究方法与定量分析结合在一起，利用句法分析模型与现场调研的数据比对来找寻理论与实际的一致性，并找出矛盾之处的原因。实际上在验证模型可靠性的同时，也拓展了句法理论的应用广度与深度。艺术设计学科有自己的特色，普遍认为其注重形式而在功能考虑上略显不足，然而事实并非如此，随着学科的跨界与交融，定量研究帮助艺术设计在客观性的基础分析上向前迈进了一大步。与此同时，艺术设计可以充分发挥自己的学科优势，将形式与功能结合得更为完美，尤其在乡村振兴的政策下，艺术乡建作为一条极其重要的实施路径，可以走得更好、更远。本书在这方面做出了尝试，在研究的过程中也遇到了诸多困难，比如对于句法理论的参详、解读和应用。实际上，很多的句法应用在一定程度上存在着问题，如对句法概念的模糊理解、机械套用。这个时候就需要追本溯源，明确句法概念的内涵，从而根据分析结果提出自己的观点。幸运的是研究团队付出的努力终有回报，数据的积累也为未来的深入研究铺下了基石。此外，学科的交叉与融合，很重要的一点是保持主学科的本质与特色，在这里，艺术设计作为主要的学科视角与理论，句法模型更多的是一种分析手段且起到了重要的辅助作用。因此，本书的研究侧重于人文与艺术，并恰当地结合了量化方法，使研究结论更有说服力，而这种研究方法则有推广的可能。

可以说，当代的"艺术空间"离不开传统文化沃土的培植与源头之水的滋养。因此作为一种动态演进的文化景观，运河村落的艺术价值、生态价值与经济价值都是不可估量的。总的来说，本书的研究在浙东运河宁波段传统村落的公共空间层面做了些许探索，在研究的广度和深度方面，尚有诸多的不足，有待在后续工作中加以完善与深化，同时也期待更多的学术同仁关注和加入对浙东运河宁波段传统村落公共空间的探讨，推动学术发展。

# 参考文献

## 书籍专著

[1]  Hillier, B. & Hanson, J., *The Social Logic of Space*, Cambridge: Cambridge University Press, 1984.

[2]  段进、季松、王海宁：《城镇空间解析：太湖流域古镇空间结构与形态》，中国建筑工业出版社 2002 年版。

[3]  [英]比尔·希利尔：《空间是机器：建筑组构理论》，杨滔、张佶、王晓京译，中国建筑工业出版社 2008 年版。

[4]  程旭兰、孙玉光：《宁波古村落史话》，中国文化艺术出版社（香港）2009 年版。

[5]  段进、揭明浩：《世界文化遗产宏村古村落空间解析》，中国建筑工业出版社 2009 年版。

[6]  邱志荣、陈鹏儿：《浙东运河史》(上卷)，中国文史出版社 2014 年版。

[7]  鲍贤昌、陆良华主编：《四明风韵》，宁波出版社 2015 年版。

[8]  王静文：《聚落形态的空间句法解释：多维视角的实验性研究》，中国建筑工业出版社 2019 年版。

[9]  王益澄、陈芳、马仁锋、叶持跃：《宁波历史文化名村保护与利用研究》，浙江大学出版社 2019 年版。

[10]  王军围、唐晓岚：《乡村景观变迁与评价》，东南大学出版社 2019 年版。

[11]  韦春：《广西少数民族传统村落公共空间形态研究》，中国建筑工业出版社 2020 年版。

[12]  王薇：《大运河生态文化景观：可持续保护与发展的基础研究》，天津社会科学院出版社 2020 年版。

[13]  陶锋：《营造的智慧——宁波传统民居院落的空间艺术》，化学工业出版社 2021 年版。

## 学位论文

[ 14 ]　陈怡:《宁波地区民居聚落特征的研究及应用》,硕士学位论文,江南大学,2007 年。

[ 15 ]　熊伟:《广西传统乡土建筑文化研究》,博士学位论文,华南理工大学,2012 年。

[ 16 ]　张姝:《基于视域分析的拙政园空间开合对比量化研究》,硕士学位论文,华中科技大学,2016 年。

[ 17 ]　殷楠:《基于产权关系的传统村落保护研究》,硕士学位论文,华中科技大学,2016 年。

[ 18 ]　何倩:《宁波集市型历史文化名村空间形态特征与保护策略研究》,硕士学位论文,华中科技大学,2018 年。

[ 19 ]　刘皓:《基于包容性理念的城市街道步行空间设计研究》,硕士学位论文,东南大学,2020 年。

[ 20 ]　王馨曼:《江南运河沿岸传统聚落空间研究》,硕士学位论文,江南大学,2021 年。

## 期刊论文

[ 21 ]　Hillier, B., Burdett, R., Peponis, J., Penn, A., "Creating Life: Or, Does Architecture Determine Anything?", *Architecture et Comportement/ Architecture and Behaviour*, Vol.3, No.3, 1987.

[ 22 ]　谷凯:《城市形态的理论与方法——探索全面与理性的研究框架》,《城市规划》2001 年第 12 期。

[ 23 ]　张愚、王建国:《再论"空间句法"》,《建筑师》2004 年第 3 期。

[ 24 ]　吕洪年:《积淀深厚的浙东运河文化》,《今日浙江》2005 年第 23 期。

[ 25 ]　施小蓓:《宁波地区古代桥梁类型与特点探析》,《南方文物》2007 年第 1 期。

[ 26 ]　王浩锋、叶珉:《西递村落形态空间结构解析》,《华中建筑》2008 年第 4 期。

[ 27 ] 程旭兰、孙玉光：《宁波古村落形成因素探讨》,《宁波大学学报（人文科学版）》2011 年第 6 期。

[ 28 ] 张健：《传统村落公共空间的更新与重构——以番禺大岭村为例》,《华中建筑》2012 年第 7 期。

[ 29 ] 郭湘闽、刘长涛：《基于空间句法的城中村更新模式——以深圳市平山村为例》,《建筑学报》2013 年第 3 期。

[ 30 ] 陶伟、陈红叶、林杰勇：《句法视角下广州传统村落空间形态及认知研究》,《地理学报》2013 年第 2 期。

[ 31 ] 郑赟、魏开：《村落公共空间研究综述》,《华中建筑》2013 年第 3 期。

[ 32 ] 李云鹏：《论浙东运河的水利特性》,《中国水利》2013 年第 18 期。

[ 33 ] 张延、周海军：《大运河宁波段聚落文化遗产保护措施研究》,《中国文物科学研究》2014 年第 3 期。

[ 34 ] 王竹、钱振澜：《乡村人居环境有机更新理念与策略》,《西部人居环境学刊》2015 年第 2 期。

[ 35 ] 鲁可荣、程川：《传统村落公共空间变迁与乡村文化传承——以浙江三村为例》,《广西民族大学学报（哲学社会科学版）》2016 年第 6 期。

[ 36 ] 潘明率、孙晋美：《基于空间句法的韭园公共空间可达性分析》,《华中建筑》2017 年第 9 期。

[ 37 ] 张浩龙、陈静、周春山：《中国传统村落研究评述与展望》,《城市规划》2017 年第 4 期。

[ 38 ] 杨晓维：《大运河（宁波段）文化遗存保护利用和价值传承研究》,《中国港口》2018 年增刊第 1 期。

[ 39 ] 许广通、何依、殷楠、孙亮：《发生学视角下运河古村的空间解析及保护策略——以浙东运河段半浦古村为例》,《现代城市研究》2018 年第 7 期。

[40] 陈健坤、王天为、梁振宇：《基于空间分析的传统村落商业布局与优化策略研究：以安徽省查济村为例》，《建筑与文化》2018 年第 8 期。

[41] 裘亦书、詹起林：《基于景区空间安全管理视角的空间句法视域分析——以东平国家森林公园为例》，《地域研究与开发》2018 年第 4 期。

[42] 曹玮、薛白、王晓春、胡立辉：《基于空间句法的扬州何园空间组织特征分析》，《风景园林》2018 年第 6 期。

[43] 陈铭、常恩铭、宁波：《传统街巷更新的定量分析研究——以武汉青龙巷传统特色街区为例》，《装饰》2018 年第 4 期。

[44] 徐晓黎、于家兴：《用直古镇水巷构成要素与价值分析》，《遗产与保护研究》2018 年第 4 期。

[45] 文宁：《空间句法中轴线模型与线段模型在城市设计应用中的区别》，《城市建筑》2019 年第 4 期。

[46] 王海涛、周庆、张昊雁：《基于空间句法的拙政园和留园空间结构对比研究》，《山东林业科技》2020 年第 3 期。

[47] 李冉、韦一、刘梦晨：《基于空间句法的合肥市淮河路步行街区空间形态研究》，《安徽建筑大学学报》2020 年第 4 期。

[48] 李云鹏、杨晓维、王力：《浙东运河闸坝控制工程及其技术特征研究》，《中国水利水电科学研究院学报》2020 年第 4 期。

[49] 陈李波、刘贵然：《空间句法语境下大悟县熊畈村传统村落街巷活力重塑》，《建筑与文化》2020 年第 9 期。

[50] 王惠、付晓惠、侯琪玮：《古徽州地区传统聚落街巷空间研究》，《西安建筑科技大学学报（社会科学版）》2021 年第 3 期。

[51] 杨晓维：《让千年运河历久弥新：宁波积极打造大运河文化带"地标"城市》，《宁波通讯》2021 年第 14 期。

[52] 郑佳雯、卢山、陈波：《浙东运河宁波段植物配置的调查分析与优化策略》，《浙江理工大学学报（自然科学版）》2021 年第 6 期。

［53］ 马立群、董帅:《村落街巷空间的更新改造研究——以二里村九曲巷
为例》,《城市建筑》2021 年第 26 期。

［54］ 王秀伟、白栎影:《大运河国家文化公园建设的逻辑遵循与路径探
索——文化记忆与空间生产的双重理论视角》,《浙江社会科学》
2021 年第 10 期。

［55］ 段进、殷铭、陶岸君、姜莹、范拯熙:《"在地性"保护:特色村镇
保护与改造的认知转向、实施路径和制度建议》,《城市规划学刊》
2021 年第 2 期。

［56］ 丁旭、丁骋文:《浙中传统村落空间形态肌理及其内在规律初探——
金华曹宅古村落实证研究》,《建筑与文化》2021 年第 5 期。

**其他**

［57］ 《中国大运河宁波段——浙东运河》,http://www.ningbo.gov.cn/
art/2019/12/5/art_1229099806_52049433.html。

［58］ 《萧绍运河:萧山唯一的世界文化遗产》,http://www.xiaoshan.gov.
cn/art/2019/10/16/art_1229232681_54642173.html。

［59］ 《2018—2020 年姚江谷地河姆渡文化核心区考古调查的主要收获》,
https://baijiahao.baidu.com/s?id=1687384578532607699&wfr=spider
&for=pc。

［60］ 《浙东大运河出海口的千年变迁》,宁波文化遗产保护网（http://
www.nbwb.net/pd_sbsy/info.aspx?Id=25798）。

［61］ 《空间句法基础概念》,https://www.jinchutou.com/p-44827272.html。

［62］ 《空间句法术语汇编》,https://www.docin.com/p-2113061270.html。

图书在版编目（CIP）数据

浙东运河宁波段传统村落公共空间形态研究 : 以大西坝村和
半浦村为例 / 包伊玲著. —北京 : 文化艺术出版社, 2022.8
ISBN 978-7-5039-7267-6

Ⅰ.①浙… Ⅱ.①包… Ⅲ.①村落—公共空间—空间
形态—研究—浙江 Ⅳ.①TU-092.955

中国版本图书馆CIP数据核字(2022)第101487号

# 浙东运河宁波段传统村落公共空间形态研究
## ——以大西坝村和半浦村为例

著　　者　包伊玲
责任编辑　叶茹飞　郑　鸣
责任校对　董　斌
书籍设计　赵　矗
出版发行　文化藝術出版社
地　　址　北京市东城区东四八条52号（100700）
网　　址　www.caaph.com
电子邮箱　s@caaph.com
电　　话　（010）84057666（总编室）　84057667（办公室）
　　　　　　　　　84057696—84057699（发行部）
传　　真　（010）84057660（总编室）　84057670（办公室）
　　　　　　　　　84057690（发行部）
经　　销　新华书店
印　　刷　鑫艺佳利（天津）印刷有限公司
版　　次　2022年8月第1版
印　　次　2022年8月第1次印刷
开　　本　880毫米×1230毫米　1/32
印　　张　8.625
字　　数　220千字
书　　号　ISBN 978-7-5039-7267-6
定　　价　78.00元

版权所有，侵权必究。如有印装错误，随时调换。